翻轉學

翻轉學

流量池

流量稍縱即逝，打造流量水庫，透過儲存、轉化、裂變，
讓導購飆高、客源不絕、營運升級的行銷新思維

楊飛 ——————著

目錄｜Contents

第3章 品牌廣告如何做出實效

第4章 裂變行銷：最低成本的獲客之道

好評推薦

「這本書的上市，對仍在互聯網行銷之路上摸著石頭過河的大多數業界人士而言，無疑是集體的救贖。這本書脈絡清晰，簡單易讀，是作者長期觀察市場、實操實戰十餘年淬鍊沉澱的結晶。」

——李景宏，台灣奧美傳播集團 CEO

「如果說互聯網已逐漸從人口紅利走向資料紅利，那麼《流量池》無疑提供了這個語境下的又一種獨特的方法論。如果你也是一個熱愛行銷的人，希望讀過此書後，也能看到那些令人豁然開朗的美麗景色。」

——李丹，騰訊社群網路事業群市場部總經理

「《流量池》是楊飛在『槍林彈雨』中磨煉出來的系統性理論，打法簡單、實用、有效、

可複製，將極大增強企業在市場上的投入信心和成功率。」

——陸正耀，神州優車董事長、CEO，神州租車董事局主席

「楊飛結合自己多年的行銷經驗，沉澱出這本極具實戰價值的《流量池》。這本書對企業的行銷、經營、資料化成長都具有指導意義。在如何進行品效合一、追求有效率有效果的行銷行為方面，書中的觀點讓人耳目一新。」

——錢治亞，luckin coffee（瑞幸咖啡）創始人、CEO

「楊飛是真正的數位行銷實戰派。《流量池》這本書講述了從0到1的行銷法則，以及如何低成本獲取並高效轉化流量的實操方法，在當下很有借鑑意義，值得創業者們思考學習。」

——牛文文，創業黑馬董事長

「『成長』是企業永恆的話題。楊飛既有創業一把手的經歷，也有在中國領先網約車平台推進成長的實操經驗。這使他的著述既具企業頂層架構思維，又非常接地氣，大氣又犀

利，乾淨俐落不廢話，一如作者一貫推崇的『成長駭客』風格。」

——李岷，虎嗅創始人、CEO

「互聯網傳播及行銷已經到了一個新的階段。《流量池》用了大量鮮活的案例，對未來的流量行銷傳播進行了極有意義的探索，開闢了一條兼顧品牌傳播與有效轉化的新途徑。」

——勞博，廣告門 CEO

「這本《流量池》結合了楊飛多年的實戰經驗和大量洗版案例，乾貨*多，實操性強。無論你是企業家還是市場總監，甲方還是乙方，BAT巨頭還是初創企業，這本書都值得一看。」

——劉顥峰，浦發銀行信用卡中心總經理

*可做為方法論的知識、經驗等，都可稱為「乾貨」。

自序
流量池思維，解決客源問題

從二〇一五年開始，中國移動互聯網（台灣稱為行動網路）的流量紅利已開始逐漸消失，行銷人或創業者能感同身受到下面的幾個變化。

1. 移動互聯網的巨頭已經形成，進而對剩餘流量進一步控制和吞噬。如果說在流量紅利時代，流量就是消費用戶，那麼當下爭奪的流量其實是用戶的有限時間。

現今以微信、今日頭條、王者榮耀為代表的眾多 App（應用程式），實際已經搶奪了用戶的絕大部分時間，留給其他 App 的機會並不多，可能只能在垂直人群（比如青少年、女性）或應用場景（比如出行、外賣）裡尋找發展機會。

2. 各個流量源的巨頭壟斷，導致流量費用居高不下，隨之而來的是獲客成本的持續攀高。這已是創業品牌和互聯網行銷的第一痛點。

線上流量的減少和價格瘋漲，使很多企業轉而再次開始尋找傳統流量的突破。無論是線下門店（包括新零售）、傳統廣告（比如分眾電梯、廣播、院線廣告），還是最古老的「人肉」地推[1]（攜程旅行網和阿里巴巴的起家動作，今天再次流行），都成為挖掘流量的手段。

所以行銷的戰場，反倒因為線上獲客成本的高漲，再次轉移到傳統媒體整合上。寶僑、可口可樂減少線上廣告投放，重新擁抱電視廣告，也是最新的趨勢。

流量不分線上線下，傳統甚至古老的方式裡，仍然可以有獲客、訂單和口碑分享。這也是我們要思考的問題。

3. 無論採取前述何種方式，企業和品牌對於實際效果的要求越來越高，甚至到了苛刻的程度。在流量變貴之後，保持成長成為經濟形勢趨冷後的企業主題，也是廣大CMO（首席行銷長）面臨的最大課題。

二〇一七年，為什麼上海日用化學公司百雀羚一則高達數千萬單文閱讀量的廣告，會引來網上大量的效果質疑？企業甲方不再滿足於品牌的洗版和簡單的「十萬＋」閱讀量，而是如何能夠叫好又叫座，如何能夠在移動互聯網上實現閉環購買，如何能夠讓分眾這樣一些傳統廣告帶來快速成長。這些問題，已經是企業家、行銷人不斷自問和討論的問題。

4. 技術與行銷結合速度加快，因為流量成本的提升和成長的切實需要，基於企業內部資料和使用者標籤的 MarTech（行銷技術）正在挑戰外部廣告公司的 AdTech（廣告技術），廣告技術化和甲方去乙方化都成為趨勢。

二○一六年，全球三百九十八例廣告和公關公司併購案中，七八%是由ＩＢＭ（國際商用機器公司）、Accenture（埃森哲）和Salesforce（軟體行銷部隊）等公司完成的，以駭客成長方法為代表的「技術取代行銷」的口號也甚囂塵上。

畢竟因為移動終端的交互系統和資料蒐集，行銷技術已經不是問題。而在有限的、越來越珍貴的流量中，技術必須錙銖必較地對流量進行精細化挖掘與轉化，這將是創業者和行銷人的一堂必修課。

伴隨著這一輪移動互聯網的爆發，我創辦的行動端數位行銷公司「氫互動」，已發展成為中國比較前沿的互聯網行銷機構。二○一五年，由於神州租車的戰略投資，我有幸加入神州專車這個新專案，負責其市場工作。二○一六年，開始負責神州優車集團，含括神州租車、神州專車（出行）、神州買買車（電商）和神州車閃貸（金融）三大板塊市場。二○一七年底，我又負責了luckin coffee（瑞幸咖啡）的行銷工作。

1人肉地推：注重人力獲客模式，在人流密集處，發放禮品、傳單等方式。

傳統企業如何突破流量壁壘，如何借助互聯網實現自身轉型，如何尋找自己的第一桶流量，如何精打細算地營運好流量，如何讓流量帶來銷量和成長，這些都是我和團隊在三年的神州市場工作中，不斷發問、不斷探索和解決的問題。

同時做為氫互動合夥人，在大量日常對外合作中，我也深刻感受到不同企業、不同品牌在不同階段對於各自行銷需求的困惑，我們把一些經驗、方法也輸出在他們的日常實踐中，有些案例表現不俗。

我把這些成形的經驗與方法論取名為「流量池思維」，這也是本書主題的由來。

需要說明的是，流量池思維和流量思維是兩個概念。流量思維指獲取流量然後變現流量，這顯然已無法解決今天的企業流量困局。流量池思維則是要獲取流量並透過存儲、營運和發掘等手段，再獲得更多的流量。

如果你本身是像BATJ（分別代表百度（B）、阿里巴巴（A）、騰訊（T）和京東（J））這樣的大流量輸出者，那麼本書的很多經驗可能僅做參考。我更希望啟發那些流量貧乏、行銷無力、急需轉型的傳統企業或急需在行動端有所突破的創業者與行銷人。

圍繞流量池，本書分為三個思維層次：

1. **如何獲取流量**。本書分別闡述了品牌、裂變、微信[2]、事件行銷、數位廣告、直播、BD（Business Development，商務拓展）這七種方法（針對每一種方法都可以是一本書）。

2. **流量如何更有效轉化**。這是本書重點剖析部分。我會結合實際案例，分析很多流量大但效率低的原因，正反案例都有。在書裡我多次強調「品效合一」，也是在強調流量轉化要有效，即不僅要做品牌，還要有效果轉化。

3. **流量的營運和再發掘**。如何透過營運手段讓流量轉化更持續，從存量找增量，我在裂變、微信、數位廣告和著陸頁[3]等章節會重點講到。實際上，這些

2 除了微信外，可適用於LINE、Whatsapp等通訊軟體。

3 著陸頁，就是搜尋用戶點擊比價關鍵字廣告後進入的第一個頁面，又稱銷售頁。

圖 0-1 行動行銷的流量池思維

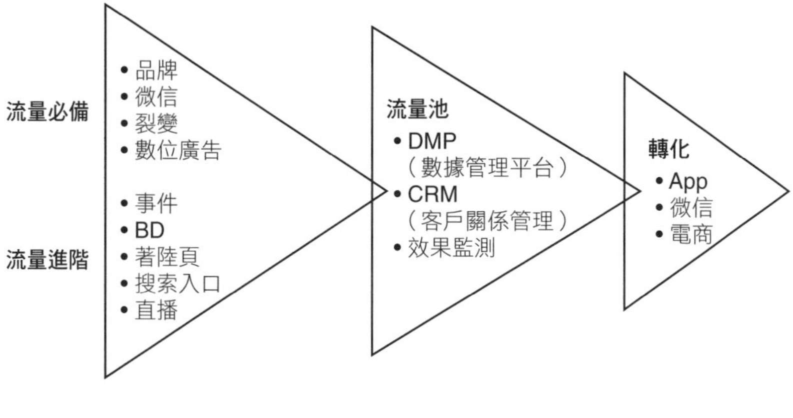

方法在營運和行銷的界定上有一些模糊，但仍然值得市場工作者研究。

由於各種方法涉及資訊面廣而龐雜，品牌、裂變、微信、數位廣告與著陸頁等也不屬於一個級別範疇，為了便於讀者閱讀理解，可以參考上頁圖0-1。對於專業詞彙，文後也做了相應的整理、歸納與解釋（見附錄「專有名詞」）。

最後，祝你展卷有益。也謹以此書送給我已不惑的四十歲，以茲紀念。

第1章

流量之困

二〇一六年開始，幾乎所有行業都在為流量紅利的消失感到焦慮不安。

在資本寒冬的衝擊下，傳統行業最先受到重創，出現大規模的倒閉潮。可是還沒等到傳統行業的互聯網轉型完成，流量匱乏的危機就快速蔓延至互聯網企業。據不完全統計，汽車、旅遊、教育、餐飲、婚嫁、房地產等十六個領域有上千家互聯網企業，在二〇一七年宣布倒閉。

流量匱乏已經成為初創企業所遇到刻不容緩的關鍵問題。因為它的出現，會牽連到更多細節工作的進行，比如用戶量的飽和大大降低了廣告行銷的效用，讓品牌成長乏力。而那些獲客成本原本就高的行業，企業的負擔會更重。

這是一個令人無比膽寒的趨勢力量，在如此巨大的力量面前，初創企業該如何應對，老牌企業又該如何求變呢？

流量盛宴結束，新品牌還有機會嗎？

流量即市場。

二十世紀九〇年代以前，流量就是線下門店，位置好才能人流多，商家的競爭就在於占領商圈、旺鋪和好地段。

互聯網出現後，尤其是電商的出現，線上流量開始衝擊傳統線下零售。還記得二〇一二年，阿里巴巴創辦人馬雲和萬達集團創辦人王健林的那個世紀賭約嗎？「二〇二〇年，電商零售占有率能不能占到總零售占有率的半壁江山？」馬雲甚至豪言：「如果二〇二〇年王健林贏了，那我們這一代年輕人就輸了。」

今天再看這場賭約，趨勢已很明顯。多年前，天貓在中央電視台打出的第一條廣告語「沒人上街，不代表沒人逛街」已逐漸實現。二〇一七年，「雙十一」全網總成交額突破兩千五百億人民幣，網路流量已經成為商家獲客的主流管道。

互聯網流量，我們一般用PV（頁面瀏覽量）和UV（獨立訪客數）來界定。不同於線下人流，線上流量來源大致可以分為三種：企業自有流量（官網、App、微信、CRM等）、媒體內容流量（媒體、自媒體）和廣告採購流量（各類型廣告，如搜尋比價、資訊流、影片廣告等）。

和不同階段的社會發展歷程一樣，互聯網的流量時代也經歷了一段從野蠻到瘋狂，最後惶惶然結束的過程。

二〇一二年左右，企業的網上獲客成本大約只需要幾毛錢。當時的百度推廣是企業廝殺的強有力武器，企業只要憑藉精明和敢衝就可以透過搜尋輕易收割百萬用戶。

很快，流量成為一個失控的樂園。少數巨頭（主要是新聞、電商、搜尋類網站，如新浪、搜狐、淘寶、百度等）幾乎壟斷了ＰＣ（個人電腦）端八〇%的流量，轉化的成本不斷提升，有些行業高達幾千元甚至上萬人民幣。投放的資金被迅速吸食，很多企業只能在巨頭制定的流量規則下被迫合作。

與此同時，移動互聯網時代正以某種顛覆的姿態而來。

二〇一四年開始，智慧手機的普及讓互聯網用戶從ＰＣ端向行動端遷徙，移動互聯網開始重塑社會生活形態，人們對行動應用的依賴性越來越強，流量也從ＰＣ端開始向行動端導入。

按照媒體先知馬歇爾．麥克盧漢（Marshall McLuhan）「媒介即人的延伸」的觀點來看，移動互聯網對於人類來說已不是資訊接收那麼簡單，更像是人類移動著的「外部大腦」。

在行動端，人們透過用戶端獲取新聞資訊，透過團購 App 獲取生活類團購資訊，透過微信等社交工具進行日常溝通交流等，後來又增加了諸如快手、抖音這樣的短片娛樂。而且線上線下的管道漸漸打通，人們的衣、食、住、行等各方面的需求都可以透過移動互聯網來完成。這意味著移動互聯網成為企業連接受眾、進行行銷的重要通路。在BAT（百度、阿里、騰訊）之外，TMD（今日頭條、美團[1]、滴滴）等移動App也成了企業在行動端的流量新入口，同時開始逐步取代百度等PC端流量霸主地位，成為移動互聯網的新主宰。

給大家看一組更直觀的資料：

二〇一六年，今日頭條的累計啟動用戶達六億，一．四億為活躍用戶，日活躍用戶超過六千萬，頭條號日均閱讀量超過十八億條（人均三十條），用戶平均閱讀時長超過七十六分鐘。

時長七十六分鐘代表著什麼？

二〇一六年第二季度行動開發服務平台友盟資料顯示，新聞資訊類的用戶平均使用時長大概是二十六．六分鐘，影片播放類的使用者平均使用時長是四十分鐘。兩個資料加在一起都不如今日頭條一款App的使用時長多。而且市場調查和諮詢公司艾瑞二〇一六年的報告

1 中國第一個團購網，現稱美團點評。

中顯示，今日頭條的用戶黏著度和用戶滿意度排在首位。

微信的流量就更不用說了。做為一款高頻次的以「社交＋通訊」為需求的軟體，微信的日活躍用戶已經超過了九億。

前幾年，我們還在感嘆國外生活的便捷，只需拿一張信用卡出門，錢包、現金一律不用帶。可是現在，就連街邊乞討者都有一個二維碼，讓你掃碼轉帳支付。越來越多的年輕人，已經開始追求「無紙幣生活」。

這些「空氣級」的行動應用，都能讓大家清楚地看到移動互聯網的迅猛發展和流量增速。即使如此，二〇一六年以後，行動端流量的盛宴也集中到幾大豪門，獲客成本再次上演了PC時代的一幕，從幾元飆升到幾百元，甚至上千元，優質流量被瓜分殆盡，而更多互聯網初創企業仍然面臨著「徬徨無措」、「掙扎求生」，以及流量生存底線的行銷困境。

對於它們，還有新的突破機會嗎？

成也流量，敗也流量

面對流量，初創企業普遍會面臨三個問題：第一，流量少；第二，流量貴；第三，流量陷阱。

我們來一一分析。

問題一：流量少

進入二〇一六年，企業在網上獲取的自然流量就像一個帶漏洞的水管一樣，不停地在流失。表現出產品很棒，但是很難有太大聲量，即使是做廣告投放，成交量也很難提高；企業開通的微信帳號、頭條號等並沒有多少「粉絲」關注，做不出轉化率；即使你想購買優質流量，優質流量也越來越少，競價也買不到多少。

不只是初創企業的流量在減少，就連自媒體圈、電商、新聞媒體、影片網站、行動應用App的流量也開始出現不同程度的下滑。截至二〇一七年七月，微信公眾號的圖文點閱率已經跌到了二%。

互聯網商業好像一棵繁茂的大樹，所有基於互聯網生長的商業形態都是樹上的果實，流量則是這棵大樹的根基。當根基開始萎縮時，一切營養的供給和輸出都會受到最直接的影響。於是所有靠流量生存的應用都出現了流失的情況，但是移動互聯網整體的總流量依然在成長，那麼分攤到每個終端的流量究竟去哪兒了呢？

出現這種情況的原因有二：

整體增速放緩

自一九九四年中國獲准加入互聯網開始，互聯網用戶就一直處於高速成長狀態。但從二〇一〇年開始，傳統互聯網發展增速趨緩，幸而技術突破讓移動互聯網時代到來，又給了大家四、五年的緩衝時間。

但不論移動互聯網的發展趨勢有多強勁，用戶成長率也逃不過放緩的趨勢，因為互聯網總用戶數已趨向穩定。

二〇一七年八月，中國互聯網路資訊中心（CNNIC）發布的《第四十次中國互聯網路發展狀況統計報告》顯示，截至二〇一七年六月，中國互聯網的普及率已經達到五四．三%，其中，手機線民的規模為七．五一億，使用手機上網的線民比例達到九六．三%。

該有手機的人都有了，該會用手機上網的也都用了。中國再是人口大國，可發掘的市場占有率再大，也會挖掘到頭。互聯網流量增速勢必逐年趨緩，個體流量成長將會越發困難。

競爭的個體倍數成長

市場的競爭向來是殘酷的。當一部分人在互聯網上獲利先富起來之後，很快就有更多人跟隨先驅的腳步，希望自己也能在大浪中淘到一點金。

於是這個池塘裡匯進來的水越來越少，擠進來的魚卻越來越多，使得生存環境變得越來越差。

其實看看我們自己的手機就不難發現問題的根本。

手機的容量就那麼大，安裝的應用程式相當有限，常用的也就七八個。可是打開安卓手機應用市場，裡面同質化的應用程式千千萬萬。身為用戶，當然是選擇一開始就搶占了我們的心智，並且大部分親人朋友都在用的應用程式，其他的自然而然就被忽略了。微信公眾號、影片直播都是同一個道理。

整體流量增速趨緩是必然趨勢，競爭個體數量增加是大環境下的產物，這些都是我們無法控制的，但我們能夠控制其中的變數。

控制變數的手段有哪些，這就是本書要重點研究的問題。

問題二：流量貴

流量的價格越來越高，是創業者不得不面對的共識。百度在漲價，今日頭條在漲價，微信業配文也在漲價。如果企業沒有自己的流量平台，會發現一點都不比當年買傳統廣告便宜。

流量增速趨緩是導致流量貴的一個直接原因。增速趨緩後的流量成為稀缺資源，而稀缺資源面臨的是商業化。

每一個優質的流量平台，都會在商業放量之後迅速變得平庸或成本居高不下。

早期神州專車和某新聞App合作的時候，因為該App還沒有很多的廣告投放，所以剛開始投放的廣告效果很好，流量品質高，轉化率也高，獲客成本能控制在三十人民幣以內。三個月之後，投放廣告的企業越來越多，用戶也對各種廣告產生無感和厭煩情緒，導致流量品質明顯下降，流量CP值遠遠不如投放之初，獲客成本上升到五十人民幣左右，已經和其他平台沒有太大多區別。

只要是互聯網的超級流量入口，價格都居高不下。不論是展示廣告、點擊付費廣告，還是抽成付費廣告，全是如此，光是二〇一七年行情價就上漲了二〇%至三〇%，甚至更多。

自媒體的道理也是同樣。一篇大V（獲得個人認證、擁有眾多「粉絲」的意見領袖）寫的業配文，普遍五萬至十萬人民幣起價（暢銷作家咪蒙等超V帳號，合作價格已超七十萬人民幣）。但更多時候，可能一篇十萬+的文章，帶來的最終成單不會超過一百單。沒有標準，只有漲漲漲的自媒體，讓很多企業越來越看不懂、玩不起！

導致畸形市場發展的另一個重要原因是巨頭壟斷。

隨著移動互聯網流量分割的結束，被巨頭控制的流量占據絕大比例的市占率。不論是BAT，還是TMD，流量巨頭們壟斷著市場，所有玩家只能在他們制定的規則下支付巨額的流量費用，掙扎求生。

一端是死守流量生存底線的創業者，另一端是坐擁流量的互聯網巨頭，流量成了力量懸殊的雙方博弈的重點。

百度廣告的營收屢創新高。二〇一五年，光是廣告營收一項就達到六百四十億人民幣，接近二〇一二年廣告營收的三倍。百度廣告主的平均消費額，二〇一五年相比二〇一二年也上漲了近兩倍。

二〇一六年微博全年財報顯示，該年微博全年淨營收六·五五八億美元，較二〇一五年成長三七%。廣告和行銷營收較二〇一五年成長四二%，達到五·七一億美元，日活躍用戶一·三二億。

阿里在二〇一六年第四季度的行動月活躍用戶數（簡稱月活數）增加了四千三百萬，共有四·九三億月活數。

在電商大淘寶體系裡，接近八〇%的交易額屬於天貓的二十萬頭號商家，淘寶九百萬中小商家瓜分剩下二〇%的交易額，所有的流量和交易都會集中到頭號。如果是大品牌，可以去天貓、京東卡位，但是小商戶真的就沒辦法獲利了。

看起來是免費流量的微商平台也在漲價。基於微信系統做分銷平台和微小店的有贊商城，在二〇一六年六月開始向每個店鋪收取服務費。

從資料上可以很明顯地看到，流量巨頭們強有力地控制了互聯網流量的半壁江山，月活躍用戶和日活躍用戶成長趨勢依然強勁。

除了線上流量巨頭之外，傳統媒體、影片網站的刊例價（媒體官方對外的報價）、分眾傳媒，甚至簡訊，各個管道的流量價格都在上漲。流量的價格就像計程車跳表一樣，幾乎每隔一段時間就會向上蹦出一個數字。

這就讓中小型和初創企業的處境更加艱難。別說「月活」、「日活」了，怎麼活下去才是關鍵。

因此對於創業者來說，流量從必需品變成了奢侈品。

企業的獲客成本從幾元飆升至幾千元，甚至上萬元。有些創業者在流量購買上的花費，一個月就要五、六百萬元。也就是說，如果一家公司只拿了幾百萬元的天使輪投資[2]，融資到的錢都不夠企業投放廣告。

百度的競價排名需要有持續的投入才會有效，應用排行榜洗榜的投入一天幾萬元都不止。而且展示廣告、點擊付費廣告、抽成付費廣告，只要和流量沾邊，價格就不會便宜。

通常來說，一個 App 用戶的下載成本在四十人民幣左右，但是現在很多用戶初次下載使用後就不會再打開，而且有七成以上的用戶下載 App 之後都沒有留存消費。也就是說，一款 App 如果十個人下載，那麼就有三百人民幣左右被浪費，這是一個恐怖的數字。更有

2 天使輪指的是公司有初步的商業模式，累積了一些核心用戶。

甚者，為了搶奪流量，有些行業（比如汽車、金融、醫療美容）的線上獲客成本甚至高達四、五千人民幣以上。

這樣瘋狂的流量價格背後，反映的是中國移動互聯網格局的確立形成。流量成長速度趨緩，供需關係不對稱，都讓這一切變得雪上加霜。

問題三：流量陷阱

流量少、流量貴的問題已經讓企業和創業者應接不暇，然而在供需關係不平衡的情況下，牟取暴利的野心也在暗中滋生。企業一邊要想盡辦法提高流量增速，一邊還要和各種流量陷阱鬥智鬥勇。

「我們的媒介供應鏈充滿了黑暗和欺詐。我們需要清理它，並將我們節省下來的時間和金錢投入到更好的廣告中，以推動銷售的成長。」這是不久前，寶僑首席品牌官畢瑞哲（Marc Pritchard）在美國互動廣告局（IAB）二〇一七年度領袖會議上發表的演講，將炮火直指媒介供應鏈中的弊端。

媒介透明問題對於業界而言並不算陌生。

在二〇一六年的紐約廣告週上，「透明」和「信任」成為大會熱議的關鍵字，流量作弊已是行銷行業的全球化問題。

廣告主不敢投放數位廣告，企業對數位廣告行業的不信任達到臨界點。世界廣告主聯合會（World Federation of Advertisers）預計，在未來十年內，流量欺詐將會成為犯罪組織的第二大市場，僅次於毒品販賣。

二〇一五年，美國國家廣告協會的調查顯示：二三％的影片廣告有曝光水分，展示廣告占比一一％，廣告主的投放損失達到六十三億美元。

二〇一六年，這個數字上升到七十二億美元。

從資料中可以看出，媒介的不透明不僅嚴重浪費了企業的預算，更影響到了衡量與評估媒介投放的有效判斷。

這也就不難理解為什麼企業和廣告主對媒介透明度和廣告可見性迫切關注，因為他們真的想知道廣告費究竟花到哪兒去了。

百度發布的《二〇一五搜索推廣作弊市場調研報告》指出，百度推廣每天監測並過濾千萬量級無效點擊，其中五％為人工作弊，四九％至六五％為機器作弊。而在微信上，不論是公眾號的「殭屍粉」或「刷」出來的點擊量，都是最常見且心照不宣的作弊舉動。

二〇一六年九月，微信公眾號「刷量工具」癱瘓事件，就將眾多「微信大號」打回原形，真實閱讀量被曝光，比如，五萬＋的一篇稿件，可能只有三百多個真實閱讀，讓廣告主觸目驚心。

流量欺詐問題涉及供應鏈上的每個人，從廣告技術供應商、代理公司、交易市場到廣告主，每一個環節都會受到影響。任何一個廣告主都不喜歡投放的「黑洞」，數位媒介雖然已成為主流，但是透明可見和權威協力廠商監測都還不太到位，這也是二〇一七年以來，很多廣告主棄投DSP（需求方平台）而願多花錢轉投傳統媒體的原因。

但是傳統媒體的廣告投放，又怎麼能快速地看到效果轉化，這也是超級流量池思維要思考的問題之一。

突圍：互聯網企業的「流量下鄉」

隨著紅利的消耗殆盡，線上低成本流量越來越少，加上流量欺詐問題屢見不鮮，越來越多的互聯網創業者深陷流量之困。線上流量之困中掙扎無果後，一些互聯網企業開始了新一輪的突圍——流量下鄉。

最直接的例子就是之前素有「互聯網新貴」之稱的小米，那時互聯網上流行著這樣一句話：「站在風口上，豬都會飛。」這裡的風口其實就是流量入口。小米依託於互聯網紅利期的流量爆發，順勢而為，估值也是扶搖直上，賺足了線上流量紅利。

但過去兩年，小米過得並不舒坦，相繼被深耕線下門市的OPPO和vivo趕超，市場占有率也一度跌出了全球第五。

在三、四線城市甚至是農村，OPPO和vivo的門市幾乎隨處可見。在互聯網還未滲透到這裡的時候，通路滲透讓OPPO和vivo的門市成為新的流量入口。也正因為如此，它們打敗了小米、三星和蘋果，贏得了線下銷售的最後十米。

於是，標榜只在互聯網上售賣的小米也開始開線下門市了。截至二〇一七年八月，小米已經開了一百五十六家「小米之家」，預期三年時間開到一千家。小米也在投身線下後重回全球前五。

無獨有偶，同年，京東的首家線下店「京東之家」在長沙開業；阿里巴巴線下無人便利店試營運，推出「盒馬鮮生」；騰訊微信首家官方品牌形象店WeStore已經在廣州正式開業；三隻松鼠在安徽蕪湖開出了首家體驗店；百草味在砍掉線下轉型電商的第七年宣布重回線下，啟動「一城一店」計畫……

當所有人都把精力專注於線上流量的「風口」時，殊不知這時的線下流量早已變成了一個「窪地」，儲存著數倍於線上的流量。

畢竟線上流量已被充分挖掘，無論怎麼投放都不會再有爆發式成長。「下鄉」深耕線下，這一互聯網窪地也就成了新的流量出路。說到「流量下鄉」，就不得不提「刷牆熱」了。以前刷牆廣告都是「優生優育豬飼料」，現在是淘寶、百度和花椒——「生活要想好，趕緊上淘寶」「要想生娃蓋別墅，致富之路找百度」「花椒直播玩法多，婦女主任變主播」……其他互聯網企業也緊隨其後加入「刷牆」的陣營。互聯網企業用「刷牆」開始了和線下農村用戶的溝通互動。

農村人口占中國人口將近一半，雖然他們大多數人和互聯網保持著距離，但隨著移動互聯網的滲透，中國六十多萬個行政村所形成的這片互聯網窪地，其實潛藏著巨大的流量。

再以電梯框架廣告「分眾傳媒」為例，他們把線下不起眼的電梯承包下來，打包出售給廣告主，也將線下流量玩得風生水起。可以設想，結合LBS（行動定位服務）和使用者資訊蒐集，分眾傳媒也可能成為O2O（線上到線下）的線下精準媒體，給不同社區用戶投放不同的電梯廣告。

儘管線上絕大部分流量被BATJ、今日頭條和影片網站所壟斷，但分散的線下流量也讓中小玩家看到了分一杯羹的機會。從大樓電梯到社區超商，從共用單車到無人便利店，越來越多的線下場景被開發和挖掘出來，線下流量彷彿成了「取之不盡、用之不竭」的「新窪地」。

但是，線上線下的資訊流、物流和資金流打通是必然趨勢。

二〇一七年，隨著ＢＡＴＪ新零售題材的介入（阿里盒馬鮮生布局中國，騰訊一百億元收購男裝品牌海瀾之家等），線下主要流量（好位置，好形態）也可能在未來繼續成為少數巨頭的壟斷，傳統企業將面臨更為嚴峻的流量之困。

流量問題之下，企業如何行銷破局

簡單地講，當前行銷已經分成兩個流派：品牌流和效果流。

品牌流，以傳統媒體或廣告公司、公關公司為主，偏重品牌帶成長的行銷方式。大部分品牌行銷是透過品牌內容帶來的長期關注，也為企業和品牌帶來更多美譽和忠誠度，進而創造銷量。和銷售的直接關聯度不強。

效果流，是互聯網時代的產物。從傳統互聯網到移動互聯網，從PC端到行動端，以數位精準投放的形式，以效果為導向來做行銷。很多新興概念出現，像最早的SEM（搜尋引擎行銷）、SEO（搜索引擎優化），以及這些年興起的DSP、feeds（資訊流廣告）、成長駭客等。

在多年的行銷工作中，我深刻地感受到兩點：

- 企業行銷不僅要品牌，更需要效果。
- 在移動互聯網上做行銷，必須追求品效合一。

什麼叫「品效合一」？品效合一就是企業在做行銷的時候，既要看到品牌的聲量，又要看到效果的銷量。產品要帶動品牌聲量的提升，同時品牌推廣本身也要有銷量成長。這個觀點並不新穎，業內很多同行也一直在說，但在實際執行中卻很難給出系統方法論和衡量標準，我也是在當前行銷手段中盡量去增加流量變現的改造測試。

相對於更普遍的傳統行銷思路，針對「品效合一」幾個字，我會更強調效果的轉化。尤其在行動端，因為交易鏈條更短，線上支付便捷，也讓品效合一成為可能。品牌性行銷，應盡量做好最後一米的銷售效果，不能只是賠本賺吆喝、叫好不叫座。品效合一的行銷思路，只有應用在企業的流量布局和經營中，才能快速破局，避免浪費。

用流量池實現「急功」和「近利」

透過摸索實踐，我和團隊總結出一套「急功近利」的行銷理論：流量池方法。

正如在自序裡所說，流量思維和流量池思維是兩個概念。流量思維指獲取流量，實現流量變現；流量池思維是要獲取流量，透過流量的存續經營，再獲得更多的流量。所以流量思維和流量池思維最大的區別就是流量獲取之後的後續行為，後者更強調如何用一批用戶找到更多新的用戶。

對創業者而言，行銷範疇的「急功近利」並不是一個貶義詞。

- 「急功」，是要快速建立品牌，打響知名度，切入市場，獲得流量。
- 「近利」，是在獲得流量的同時，快速轉化成銷量，帶來實際的效果。

尤其是在移動互聯網的下半場，流量資源搶奪越發激烈。很多企業和產品還沒有獲得成為品牌的機會，就葬送在大環境中。企業可能沒有那麼長的時間做品牌累積，卻迫切希望自己先成為名牌。在「急功近利」的同時完成品牌建立和達成銷量，這樣的行銷理論才是當下更實用的方法。

在接下來的章節中，我將與大家交流以下幾方面的問題：

- 初創企業如何快速建立品牌，如何打廣告，如何做到品效合一？
- 如何用最低成本實現行銷裂變，讓老用戶幫你持續帶新用戶？
- 熱鬧的微信行銷，怎麼做才能真正帶來實效？
- 事件行銷，如何才能讓流量瞬間爆發並存儲轉化，而不是一夜曇花？
- 如何做好著陸頁，讓著陸頁成為高轉化的第一生產力？
- 數位廣告投放如何才能避開作弊陷阱，讓你少花冤枉錢？
- 跨界流量合作可不可靠，怎麼做到既雙贏又有效？

第 2 章

品牌是最穩定的流量池

在撰寫本書期間，位於上海的日用化學公司百雀羚的一篇一鏡到底的長文配圖行銷洗版了朋友圈，這個題為〈時間的敵人〉的長圖文創意，據說帶來了三千萬的微信總閱讀量。這個數據驚人，一般以內容行銷（非廣告投放）的資料來衡量，超過一百萬閱讀量就已經很不錯了。

同時另一種質疑的聲音也出現了，一篇由微信帳號「公關界的〇〇七」發布的文章〈哭了！百雀羚三千萬＋閱讀轉化不到〇．〇〇〇〇八〉，閱讀量同樣迅速達到十萬＋（大部分是業內人士閱讀）。文中講到一件資料，說某企業花費一百八十萬人民幣進行頭號自媒體KOL（關鍵意見領袖）投放，銷售轉化不足八千人民幣；而百雀羚這次的創意，指向的是淘寶旗艦店促銷活動，加上其他各方面，總投放預算估計在三百萬人民幣左右，然而淘寶店的總銷售額不到八十萬人民幣。

對百雀羚長圖行銷的爭議，其實反映的是當前做品牌的兩個尷尬：

1. 做品牌，到底應不應該承諾效果？或者用什麼樣的轉化週期來承諾效果？

2. 如果用同樣的費用做效果廣告，是不是會更有效，並且品效合一？

注意：這裡的效果廣告是指在互聯網上按效果付費的廣告投放，比如搜尋比價、資訊流廣告等，但我說的效果行銷不單指廣告投放，後文會解釋。

尷尬的品牌

二〇一二年以前，效果行銷的概念還沒有出現。可以說，除了促銷以外，當時所有的行銷都是品牌行銷。無論是投放戶外廣告、電視媒體，還是投放一些新浪、搜狐的橫幅廣告（banner），抑或做一做當時方興未艾的ＢＢＳ（電子布告欄系統）、微博內容帳號，玩一玩線下公關，所有這些形式，基本上都是品牌行銷。

為什麼這麼說？

在我看來，**不能直接導購的行銷都是品牌行銷，即使其最終目的是導購。但是此類行銷路線較長、週期較長，目標可能也會在這個過程中變得模糊**。

「我知道我的廣告費至少有一半浪費了，但我並不知道是哪一半。」美國廣告大師約翰・沃納梅克（John Wanamaker）的這句名言，也是對這個品牌行銷時代的注解。

品牌行銷時代有很多成功的產品，得益於優秀的廣告創意、海量的廣告投放、剽悍的通路刺激和資訊不對稱的產品包裝。比如：保健食品腦白金、遊戲平台哈藥、洋河酒廠、服裝品牌七匹狼、步步高電子、體育用品品牌三六一度等民營品牌，寶僑、歐萊雅、新加坡食用油品牌金龍魚、諾基亞、戴爾、賓士、寶馬等外資品牌，都是這個品牌行銷時代的贏家。

當時的行銷企劃服務，中國本土的會選擇葉茂中、翁向東等人，高端一點的則會選擇奧美、JWT（智威湯遜）等老牌4A級廣告公司[1]，但在行銷的手法上並無太多不同。「一句廣告語＋一位代言人＋中央電視台」，靠模仿起家的晉江系企業總結出來的「三板斧」（看起來很厲害，但其實沒什麼絕招）很有效。透過央視招標，一個新品牌可能一夜成名，迅速走進千家萬戶，所以那時每年的央視廣告招標大會都是業內盛會，也是來年「中國經濟的指標」。

那時，網路自媒體還沒有規模化出現，即使新浪、搜狐、天涯等也只是主流媒體（電視、報紙）之外的補充形態。正如中央電視台的廣告語「相信品牌的力量」，真正的中心化媒體就是央視、衛視、報紙、廣播和戶外大看板，用戶並沒有太多的選擇和網路資訊干擾。所以有名氣的牌子（名牌）就是品牌，廣告密集投放的商品很容易獲得大眾認知和購買。但因為沒有精準真實的用戶標籤和輪廓，沒有過程中的資料追蹤，即使有一半的浪費，大家也都能在「盲投」和「經驗判斷」下，完成市場動作，並且覺得理所當然。

綜前所述，那個時候品牌行銷占據企業市場部至少七〇%的工作量，是企業絕對的行銷重點。對策略、創意和媒介投放負責，是市場總監的核心責任。

這裡多說一句，你會發現時至今日，雖然效果行銷已經迎頭趕上，但絕大部分企業對市場總監的招聘需求還停留在「品牌總監」時代，即使這個總監並不了解數位媒體、效果投放和線上轉化。這說明很多企業對於品牌的套路理解，還停留在二〇一二年以前。雖然不能說對或錯（即使在今天，很多套路也並不過時，並且還很有效），但今天一個市場總監的知識結構已遠不止品牌部分了。使用者經營知識、產品經理的技術視野、數位效果廣告、社群媒體玩法，只有掌握這些新知板塊，才能更好地武裝一個市場總監，讓傳統意識升級。

那麼效果行銷是從什麼時候出現的呢？

我不做鉤沉考究，依照個人經驗，二〇一二年以後的PC互聯網已經號稱能夠記錄使用者上網行為，進行目標使用者輪廓，進而實現更精準的廣告推送。這樣的市場行銷是基於技術基因的手段，與「至少浪費一半」的品牌行銷有所不同。而以百度、新浪、搜狐（這個

14A一詞源於美國：The American Association of Advertising Agencies 的縮寫，中文稱為「美國廣告代理協會」。

時候的騰訊廣告還未起來）為代表，開始給客戶灌輸一種不一樣的理念，即「精準行銷」。

自二〇一四年以來，移動互聯網飛速發展，傳統的企業官網變成了App和企業微信，用戶透過下載或關注微信，即可實現互動和購買。同時阿里、京東等電商轉向行動端電商，增加了行動定位服務和行動支付功能，用戶體驗更快捷、更方便。完全為手機而生的美團、大眾點評、滴滴出行、摩拜單車、神州專車等軟體，則帶來了使用者前所未有的體驗升級。

精準行銷雖然在人群定位上有了劃分，但移動互聯網完成了進化，讓人群不僅能看到，還能立即在手機端點擊購買，進而實現了最終效果。

就是這個輕輕一點，讓移動互聯網的效果行銷直達最後一釐米，並且高下立判。可以說，無論是App品牌展示、圖片二維碼、影片廣告、搜尋比價、口碑業配文，還是後起的DSP、feeds、小程式、簡訊公眾號等方式，都讓使用者**增加了一個閉環型動作——最終點擊購買**。而傳統的媒體（電視、報紙）、傳統的網路媒體（PC），無法實現即時場景、即時即刻的用戶購買，所以基於行動端的效果行銷必然是轉化鏈更短、效率更高，也更為先進的行銷方式。

所以我所認同的效果行銷，不是數位媒介公司經常提到的SEM、DSP等廣告形式，而是在移動互聯網時代，一切傳播形式都具備導購（或下載、註冊等用戶行為）功能，這是一個根本性的思維取向。如果不能導購，則不叫效果行銷。

這並不是要概念極端化，而是要讓行銷人強化一種思維，即**不浪費每一次不易獲得的流量**。絕大部分企業都不可能像BAT那樣坐擁無限流量，而且目前的流量和獲客拉新成本太高，完全不容行銷人浪費。

誰知盤中飧，粒粒皆辛苦！以下舉一些身邊可改造的例子。

1. 一篇微信長文如果只是公關美文，即使獲得十萬+的閱讀也是流量的浪費。增加一個嵌入小程式或一個點擊購買按鈕，如同大V文末的打賞一樣，大家都已習慣，並不會讓用戶感覺突兀，反倒增加了看完圖文後的購買衝動，何樂而不為。

2. 你的戶外或店面廣告，如果沒有添加二維碼，或者二維碼帶來的是一個三十多兆的App下載，也是不及格的。讓用戶能夠掃碼打開一個WAP（無線應用協議）網站，或者關注企業微信，並且掃碼有獎勵，就會帶來一些轉化。

3. 回到之前百雀羚的案子，一鏡到底的長圖文創意非常精采，但在圖片最後缺少一個讓使用者立即點擊購買的按鈕（比如電商官網），而是提醒用戶去打開淘寶領券參加，這種設置是不及格的。我們知道，**當一條優質創意瞬間打動人之後，用戶的好奇和消費衝動往往**

也就只有幾秒鐘。能夠在當時當下迅速解決轉化問題，就能讓購買率大幅提升。一旦使用者因為麻煩的體驗和新的場景頁面跳出當前環境，就會導致用戶冷靜情緒或放棄購買，而喪失最佳的消費時機。

4. 很多洗版級的H5（HTML5，最新的網頁格式）創意，同樣存在上面三個問題。創意精美，流量巨大，卻不在最終的展示頁和轉化按鈕上下功夫，而喪失了轉化的黃金時間。

所以**移動行銷的關鍵就是當下的轉化！**用手機上的展示內容吸引用戶在當前場景下迅速完成轉化。凡是讓使用者增加購買難度、跳出當前頁面，或者關閉內容等待下一次重逢的，都是令人可惜的浪費！

可能有很多行銷人對這種觀點不太認同。他們認為品牌要與用戶進行深度溝通，而購買是多次觸達之後的行動，是AIDMA法則（即關注、興趣、欲望、記憶和行動）的展現，用戶不必在當前轉化，而要看得更長遠。同時有些廣告人會認為在美好的作品中增加商業導購元素是一種傷害，而不願意去做著陸頁和轉化按鈕。

對這個問題，見仁見智。對於流量豐富、品牌號召力巨大的企業，可能確實不用這麼「急功近利」地實現流量變現。但對於絕大部分企業，尤其是創業企業，我還是建議**珍惜一**

點一滴的流量，聚沙成塔，能轉化必轉化，能「品效合一」就一定不要「品牌務虛」。

這樣一來，前面提到的兩個問題的答案就明確了。

1. 做品牌，到底應不應該承諾效果？或者用什麼樣的轉化週期來承諾效果？

答：做品牌，不承諾效果就是「耍流氓」，因為移動互聯網讓「輕輕一點」成為必需。轉化週期由不同的產品特點決定，零食、服裝等低決策商品可能當天就有資料，而汽車、金融等產品可以先獲得客戶線索，最終轉化週期為七天至十五天。

2. 如果用同樣的費用做效果廣告，是不是會更有效，並且品效合一？

答：純效果廣告投放（如SEM、DSP等）並不一定更有效，因為內容可能會缺少很多趣味，進而影響閱讀點擊量。

最好的方式是做好品牌資訊改造，增加導購方式，做到品效合一。

綜上，我講到了對效果行銷、品效合一的理解，就是在移動互聯網背景下，品牌廣告也要增加購買變現的動作，要追求效果，而不能只以純品牌為藉口，浪費當下的流量。

那麼我們又該如何去理解這個時代的品牌呢？

品牌：流量之井

很多創業者在前期的行銷上都會面臨一個困惑：「如果手裡有一千萬元，我是做品牌，還是直接買流量做效果？」

如前文所述，品牌和效果投放並不是對立的。品效合一，是更好的選擇。

但在實際操作中，做品牌可能代表著一些傳統廣告投放，比如影視廣告、分眾電梯、節目冠名等。這些廣告看得見、摸得著，但效果得不到保證，所以業主心裡難免會打退堂鼓。

而買流量，可能就是直接選擇購買效果廣告，比如百度的競價排名、今日頭條的資訊流、騰訊社群廣告等。這些數字投放，都能測算出CPC（以點擊計費）、CPL（以蒐集潛在客戶名單計費）、CPS（以實際銷售產品計費），相對品牌投放，企業主心裡相對放心，覺得能夠看到ROI（投資報酬率）回報。

當然，企業主內心也會糾結：花錢買流量可能是飲鴆止渴。一是流量費用越來越高，隨著BAT的壟斷，企業議價權越來越小，獲客成本高；二是如果不做品牌，可能也沒有品牌溢價，只能透過產品促銷、降價的方式，提高流量效果。

分眾傳媒董事長江南春對這種常見糾結有一個說法：「**流量占據通路，品牌占據人心。補貼和品牌可以兩手抓，補貼和流量相當於促銷，而品牌才是真正的護城河。**」

這個說法有見解。

傳統品牌講求「三度」：知名度、美譽度、忠誠度。雖然對這三度的具體計算都是透過調研公司完成的，但對於品牌的功能和價值，受眾一般看重的也是這幾點。

1. 品牌解決認知問題。讓消費者記得住，並能和競品區分（心智占有率）。

2. 品牌解決信任問題。消費者因為放心會優先選擇名牌，錯選的代價低。

3. 更高級的品牌是一種文化或信仰，具有很強的韌性和生命力。比如星巴克、可口可樂、蘋果等超級品牌，會有足夠多的忠誠用戶。「即使一夜之間工廠全部燒光，只要我還有品牌，就能馬上恢復生產。」這是可口可樂創辦人阿薩．坎德勒（Asa Candler）的名言。

如果從古代酒肆門前的招牌算起，到各種品牌形態的出現，人類始終要解決的品牌問題就是六個字：**認知、認同、認購**。

那麼，在移動互聯網時代，品牌又會有什麼新的變化嗎？

在前文我已經提到，如今這個時代的行銷都是可以品效合一的，**所有不做點擊導購的品牌行銷都是浪費流量**。

從流量池的角度看，品牌不僅是心智占有和信任背書，而且品牌本身恰恰就是巨大的流量池，品牌並沒有站到流量池的對立面。

所以，我要補充一個重要觀點：**品牌即流量**。

相對於BAT級別的流量之海，絕大部分企業品牌只能算是一口流量之井。雖然不是大江大海，但也「為有源頭活水來」。只要有這口井水在，就能源源不斷地提供流量、提供商機。

這個道理很容易理解。如同當下最熱的明星、網紅，他們的微博下面總有不少「粉絲」的回覆，走到哪裡都是前呼後擁，做一場直播能收幾十萬元的禮品，一點八卦就能上大號頭條，甚至洗版。他們的這些巨大流量來自兩方面：一是關注，二是「粉絲」。

對企業而言，關注就是注意力經濟，就是商機，就是大量免費的流量湧入。優步（Uber）的新聞，無論是一次公關活動，還是CEO（首席執行長）的離職，都經常能被大家討論，這就是明星企業的關注力。同樣，小米的雷軍、錘子的羅永浩，為什麼堅持用新聞發布會為產品站台，並且經常做出「Are you OK?」（你還好嗎？）、「漂亮得不像實力派」等炒作噱頭，實際上都是在用個人的方式引發公眾對產品的關注。

關注可能並沒有一定的偏向。對使用者而言，關注你的產品可能只是出於好奇，或者想看八卦新聞甚至負面消息。而「粉絲」則是自媒體時期企業做品牌最利好的一個流量源。「粉絲」，是企業產品的忠實使用者或者喜愛者。從流量的角度看，「粉絲」不僅自己會主動消費，而且會成為企業的「自來水」，也就是幫產品主動打廣告，做口碑的「免費水軍」。

不要以為只有娛樂明星才有所謂的「粉絲」，實際上很多品牌透過潛移默化的滲透，都讓我們無形中成為其粉絲。即使口頭上不會承認，但在實際消費時，品牌對心智的占領也會起作用，使我們不僅在第一時間會聯想到該品牌，而且還會自發地主動推薦。

這樣的例子很多：

- 在選擇房地產仲介的時候，會瞬間想到鏈家（北京房地產經紀公司）。
- 想要吃漢堡的時候，腦海裡出現的是肯德基、麥當勞。

- 想要買家居用品時，會想到宜家（IKEA）。
- 想要吃火鍋時，去找海底撈。
- 想要買手機，腦海裡就有蘋果、華為或小米。

在商業高度發達的社會，我們其實已經淪為這個或那個品牌的「粉絲」（這一現象的專業說法叫品牌心智占有）。第一時間的品牌聯想指導下的購買動作，以及告訴他人的衝動，都是典型的粉絲行為，這些會為品牌帶來穩定的流量。

這就是為什麼在效果廣告越來越多、成本可見的今天，我們還要做品牌的原因。品牌即流量。透過關注和「粉絲」，可以獲得源源不斷的流量。從短期看，可能做品牌付出的成本很高，但基於品牌的持續性記憶、「粉絲」的口口相傳和明星品牌的社會關注，品牌成本會邊際遞減，甚至歸零。到了那時，企業即使減少大量的品牌廣告投放，也可以有穩步上升的趨勢，成為一個成功、成熟、到達收穫期的品牌。

我常說一句話：「品牌二字，玄而又玄，眾妙之門。」

如何開啟這扇大門，如何讓品牌儘快獲得關注與粉絲，如何用較低的成本迅速建立品牌流量池，完成最終的效果轉化，我將主要從定位、符號和場景（見第三章）三部分內容予以闡述。

最犀利有效的三種定位方法

今天，多數中國企業家或市場人員應該都讀過傑克・屈特（Jack Trout）和艾爾・賴茲（Al Ries）的《定位》（*Positioning*）一書，也或多或少接觸到王老吉的「怕上火就喝王老吉」、「瓜子二手車直賣網，沒有中間商賺差價」等屈特式的定位案例。

定位對於品牌可能是靈魂的注入，讓品牌有了與眾不同的目標、願景和能夠在市場上立足的基礎。

在這裡，我不細談品牌定位，那會是一本書的容量。我僅從個人的操作實踐來談什麼樣的定位更有效、更犀利、更能讓品牌迅速脫穎而出。

這裡先以神州專車為例。

二〇一五年初，神州專車剛剛殺入出行市場的時候，面對的可謂三座大山：滴滴、優步、易到。當時正是出行市場競爭白熱化階段，競品無論是市場占有、品牌名氣、資本實力還是網路流量，都絕非一家新創品牌短期所能達到的。做為後來者，神州專車面臨著極高的挑戰風險。

單講品牌，普通大眾已經透過享受兩年的出行優惠，充分接受了滴滴出行；一些白領、外企用戶則成為優步的擁躉；易到身為中國專車創始品牌，手裡攥緊了大量中高端商務用戶。此時的神州專車，並沒有陷入同質化競爭，靠打價格戰引流，而是堅持特有的B2C（企業在電商平台上直接提供商品或服務給消費者的交易方式）模式，即自己提供專車和司機，沒有從車輛和司機數量上跟滴滴和易到搞競賽。

這個時候，定位就變得至關重要。

如果跟隨對手的定位，主張當時各家專車都主打的速度、價格，神州專車顯然不具備明顯競爭優勢，自有車和司機畢竟也不如社會車輛多。而神州專車堅持高品質自營，起步就從B級車輛（十五萬人民幣以上商務車型）開始，價格方面也無法對拚快車和瘋狂優惠的優步。

如果追求「高品質、服務好」呢？這個定位看起來合理也符合實際，但可能會比較虛。服務是一個後體驗的東西，消費者還沒購買體驗，你再怎麼強調，他也沒有太大的感觸，很難切中他的「痛點」。

品牌需要定位在哪裡？

一是看產品的特點，二是看用戶的消費痛點。

神州專車沒有C2C（電子商務中消費者間互相交易的方式）的車多人多，獨特的優勢就是更規範、更專業、更便於管理。神州專車內部當時用京東與淘寶做對比，前者沒有後者那麼大的商品數量和成交量，但顯然在產品品質上更讓人放心。淘寶「消滅」不了京東的一個原因，就是B2C模式帶來的品質差異讓一部分用戶會忠誠於京東。

從這個角度看，滴滴出行、優步、易到都是同一種模式的公司，它們的優惠大戰一定會殺個你死我活，可能最後只剩下一家。這是從當時資本市場的角度來理解，事實上，在隨後的一年多時間，滴滴相繼併購快的、優步（中國）後，確實成為中國出行市場的「巨無霸」。不過，後來的事實還證明了一點，即商業模式才是根本。C2C模式沒有壁壘，二〇一七年，美團、摩拜也殺入網約車市場，充分說明了只要有流量和資本，C2C模式就可以無休止競爭，優惠戰、價格戰根本停不下來。拿優步在美國來說，一旦它的優惠停止，對手Lyft（來福車）的流量就趕上來了。毫不誇張地說，BAT中任一巨頭其實都可以做網約車，它們還有更多的應用場景優勢。當然，這些都是後話。

當時我們認為，神州專車的特殊模式就是在於建構了護城河與壁壘——我們不一樣。

但前提是要讓使用者清楚地認識到，神州專車和其他公司的模式不一樣。當時C2C共乘的弊端，可以明確地看到兩點。

首先，缺乏監管。雖然方便民生，但其實大量接收了之前所謂的黑車司機，政府部門監管政策尚未制訂，而很多快車司機的素質有待提高，媒體和網路上有大篇幅的司機犯罪、騷擾、辱罵乘客的相關報導。

其次，平台縱容。為了招到更多的司機加盟，各個打車平台不但沒有加強管理，反倒製造一些話題，如「打車邂逅美女」「坐車認識投資人」等。很多有車族把開專車當成找樂子，加用戶微信，並且後續進行騷擾，這實際上成為網約車行業最初的一種常見亂象。

相較之下，B2C專車模式，有專業司機，專業車輛，更清淨，更自律，也更安全。

從用戶的消費痛點考慮，我們首先要明確誰是神州專車的用戶。顯然，鑑於當時的數量和價格，我們無法滿足所有用戶的用車需求，只能滿足中高端的部分使用者需求，他們更偏商務，價格敏感度更低，更在乎服務品質。

中產人群對於安全的訴求明顯更高。做為一個封閉式的出行工具，專車司機和車輛本身的安全性，都是商務用戶比較敏感的問題。男性用戶可能對安全看得沒那麼重，但其家人也會乘坐專車，他們的安全如何保障，這是一個繞不過去的痛點。

基於自身的產品特點和中高端用戶的痛點，神州專車做出了一個足夠差異化的定位——安全！

神州專車，要做更安全的專車。唯有如此，才能在對手瘋狂的優惠大戰中殺出重圍，做出差異，獲得用戶，立足市場。

在這裡要特別提到神州專車品牌定位的提出者和堅定支持者，就是神州優車董事長兼CEO陸正耀。我印象最深刻的一件事是在一次內部品牌決策會上，當神州專車市場部職員和品牌合作方台灣奧美的專家們，都質疑安全定位可能不符合用戶用車需求時，老陸堅定了安全定位。他認為，行車走馬三分險，安全是用車出行的最基礎需求！如果專車做不到安全，那一定不是使用者需要的專車。

透過兩年多的塑造與堅持，今天，神州專車訴求的安全已經深入人心，安全定位已經成為神州專車的靈魂與名片。神州專車不僅擁有四千萬名用戶、日均超過五十萬單的品類第一，而且得到了中國中高端用戶的青睞。在專車優惠大戰最激烈的纏鬥下，他們主動減少優惠，不僅沒有掉隊，還能穩步成長，達到了年均成長率五〇%以上，充分體現了品牌的韌性和生命力。

時光荏苒，二〇一五年至二〇一七年的行業態勢也印證了我們當初的判斷。兩年裡，優步（中國）被滴滴合併，易到陷入資金鏈斷裂之虞，逐步退出了一線的競爭平台，而滴滴在專車上也開始跟隨神州，主打「安全專車」形象。

神州專車這三年的品牌故事，是一個很好的定位案例，它符合我追求的快速、差異、犀利化品牌，而這種品牌一旦建立起來，會帶來源源不斷的「粉絲」和用戶口碑，讓品牌獲得流量。

- 好的定位總是乾淨俐落，廣告口號讓人印象深刻，同時可以節省企業大量的行銷費用，提升廣告效果。
- 不好的定位囉囉唆唆，特徵不明，滑頭不實，用戶記不住，企業自己也說不清楚。
- 最可怕的定位，是根本不是用戶需求，過高估計了市場或錯誤判斷了市場，產品和品牌定位都是悲劇。

我認為在實踐中有幾種最簡單有效的定位方法。

對立型定位

對立型定位是強競爭性導向（非使用者需求導向），是與對手顯著差異化的定位，適合市場已經相對飽和、後發創業的品牌。

這種定位的邏輯必須有一個能夠對照的競品，最好是行業最大、知名度最高的競品，這樣你的對立才有價值，才能被用戶馬上感受到，才能跳出同質化競爭。

針對這個競品，你認為你最與眾不同的優勢是什麼？**要麼人無我有**，即擁有對手還不具備的優勢；**要麼人有我強**，即擁有對手還沒有重點強化的特點，你準備做到最好。

從形式上來講，對立型定位往往在廣告語言上會使用「**更**」、「**比**」、「**沒有**」、「**增加**」、「**不是……而是……**」等字詞，展現對比優勢，並且一破一立，很容易帶給對手不利的聯想。

上一案例已經講到，滴滴和優步已經成了快車、專車的代名詞，神州做為後發者，以滴滴為對立目標，提出了「更安全的專車」，讓對手被間接聯想成為「不安全的專車」。這個是人無我有。

同樣激烈的二手車大戰，瓜子、優信、人人車的廣告投放數以億計，但瓜子的投放效率明顯更高。「二手車直賣網，沒有中間商賺差價」，讓對手站到了「有中間商」、「賺得多」的聯想對立面。

農夫山泉的「我們不生產水，我們只是大自然的搬運工」，強化了天然礦泉水的定位，讓用戶直觀感受的同時，也對其他非礦泉水產生消費懷疑。

針對紅海競爭的牛奶市場，特侖蘇的定位是更高品質、奶中貴族。「不是所有牛奶都叫特侖蘇」這句口號霸氣又低調，讓人印象深刻，廣告公司因此還獲得了蒙牛集團的十年貢獻大獎。

二〇〇五年，百度面對中國最大的競爭對手谷歌，提出了「百度更懂中文」的定位口號，鞏固了中文搜尋引擎的地位，讓百度成為中文搜尋的標準配備（同一時間還有雅虎、中搜等大量搜尋網站，但已俱往矣）。

前述案例，都是強對立型定位。如果需求都是一樣的，不能展現定位的價值，只有透過定位，分化、切割並提升出新的市場需求，讓自己成為與眾不同的對立者，才有機會存活並贏得市場。

商場如戰場。工業文明與資訊文明孕育出來的現代商戰，是在激烈對抗中尋求對立統一，尋求競爭與合作。如果只是農業文明的溫良恭儉讓的道德樹旗，對市場競爭的殘酷事實採取忽視態度或反應遲鈍，那麼定位也會綿軟無力、毫無性格，既打擊不了競爭對手，也無法贏得用戶關注。

比如，很多情懷型定位，如夢想、主義、主張等，看起來很溫暖、很文藝，如果定位者是市場領導者倒也無可厚非，算是一種情感溝通，但如果是創牌企業，那麼這種定位毫無意義，基本是管理者的自娛自樂。因為在有限的流量推廣中，消費者很難對你形成印象並迅速認可。

我認為，**凡是不能一句話或者幾個字說清楚的定位，都不能算品牌定位。定位不是口**

號，但好的定位，一定能引導出很簡單、很好懂的一句口號。

USP定位

二十世紀五〇年代初，世界廣告大師羅瑟．里夫斯（Rosser Reeves）提出USP（Unique Selling Proposition）理論，即向消費者說一個「獨特的銷售主張」。

四十年後，達彼思廣告公司將USP發揚光大。

從理論來講，對立型定位也是一種USP（人無我有）。但從實踐中，**我們一般說的USP更集中強調產品具體的特殊功效和利益，是一種物理型定位**。達彼思認為，USP必須是具有特點的商品效用，要給予消費者一個明確的利益承諾，並透過強有力的說服來證實它的獨特性。

簡單來說，就是我們的產品在某個功能上非常不錯、獨一無二。

USP定位經久不衰，可以說到目前為止，絕大部分的品牌定位，尤其是科技創新產品、工業產品，都基本遵循了USP定位法則。甚至，USP也反向引導了工業設計和創新思維，簡單、極致、功能主義、單點突破，這些新概念或多或少都有USP的影子。

從表現形式來看，USP定位最容易形成的就是場景型口號，即在某種場景（或問題）

下，你應該立即選擇我的產品，**「……就用……」**是常用句式。

斯達舒藥品廣告經久不衰的定位「胃痛、胃酸、胃脹，就用斯達舒」就是USP定位的典型案例。明確場景，明確產品利益點，讓消費者一聽就明白，一對應症狀就能聯想到產品。這樣的好定位，省力又省心。你想想，同類型的其他胃藥品牌，你還有能記住的嗎？

紅牛飲料的「困了累了，喝紅牛」，也是同樣的USP定位，定位在消除疲勞的機能性飲料。這個一聽就明白，場景很清晰。後來口號更換成「你的能量，超出你的想像」，對定位的表述模糊了，可能是企業覺得品牌做大了，可以更加偏主張、偏情懷一點。

「農夫山泉有點甜」，「甜」是一個USP，讓用戶聯想到天然泉水。這是一個一百分的定位和口號。

OPPO手機的「充電五分鐘，通話兩小時」，又是一個功能明確的USP定位，突出了閃充功能。而且口號就是資料證明，即使使用者半信半疑，也會對這個充電功能留下深刻印象。

士力架的「橫掃飢餓，做回自己」，始終堅持的是抗飢餓食品定位。

iPod的早期口號是「把一千首歌裝進口袋」，該定位要表達的是iPod個子小、容量大。

USP定位應用最多，大家可以再想想身邊的案例。總之，**USP定位基本是著眼於**

某個強大的產品功能，進行概念包裝，給用戶留下鮮明印象，建立競爭壁壘。

升維定位

與第一種對立型定位的思維方向正好相反，我把第三種定位稱為「升維定位」。同樣是競爭，不跟競爭對手在同一概念下進行差異化糾纏，而是直接升級到一個更高的維度，創造新的藍海市場。看過中國長篇科幻小說《三體》的人都知道「降維打擊」一詞。掌握三維空間技術的對手能直接把你的維度降到二維，進而不在一個維度上就能輕鬆消滅你。

回到定位本身，也就是創造新的需求，或者啟發新的需求，讓使用者覺得，這個產品根本就不是之前的其他產品，是一種更高維度的購買體驗，那你自然也會成為新品項的代表。

升維定位也特別適合創新型產品，或者創業階段的企業。如果我的產品能夠直接或間接創造新的需求市場，那我就沒必要對照現有對手，也沒必要就一個單點做USP突破，而是可以直接成為新市場的領導者和占有者。

在表現形式上，最經常看到的升維定位就是「×××行業開創者」、「重新定義×××」、「×××革命」等比較大的字眼。雖然看起來有點大而空，但消費者通常有趨強、好奇、選大牌、選更先進產品的心理，所以也會產生實際效果。

有時候，升維市場是真的全新市場，那定位就是取其最大，振臂一呼！

RIO（銳澳）預調雞尾酒是一種用威士忌、伏特加等為基底酒，加入各種水果汁調製成的酒精含量僅為五％的新型飲料。RIO針對夜店管道，從二〇一三年上市後就很受歡迎，兩年銷售額突破二十億人民幣。它的定位就是夜場酒的消費革命。在夜場消費上，當時還沒有預調酒概念，初期消費者主要是因其酒精度低、口感好喝、瓶身彩色包裝等元素選擇RIO，所以早期RIO的行銷很成功，因為市場上沒有跟進者，基本一家獨大。

二〇一六年以後，多家白酒企業開始跟進預調酒。比較可惜的是，RIO沒有堅持自己的行業領導者定位，而是轉向消費者溝通的情感型定位「RIO在，超自在」，實際效果有待觀察。

也有一些升維，並不是真正的全新需求，而只是透過定位，引導原有消費升級將消費力轉移到新的產品上。

在小米、樂視互聯網電視沒有出現之前，傳統電視已經開發了連接互聯網、能夠線上看影片的電視機，如：長虹做了CHIQ（奇客）；創維的網路電視名氣大一些，叫創維酷開；康佳的網路電視叫KKTV。但它們都沒有整體發力搶奪互聯網電視概念。

某個時期，這幾個品牌也在相互纏鬥、你爭我奪。但實際上，絕大部分用戶可能對這些副牌都沒有印象。因為牌子太細碎，概念太小氣。前述企業在做定位時估計也有顧慮，既要保護傳統電視的占有率，又想把握未來的消費升級。

但樂視、小米進入市場後就不一樣了。它們沒有任何顧忌：我來就是「革命」的，也根本不需要做什麼副牌，我的定位直接就是互聯網電視，搶最大的概念，占最大的交椅，收穫最大的消費認知。

後來的情況是，傳統電視教育市場這麼多年，互聯網電視的概念始終羞羞答答、不清不楚，市場也沒有做起來。而小米、樂視進場後直接升維定位，也就兩三年時間，市場便迅速升溫、擴量、成熟。現在年輕人買電視機，首選就是互聯網電視，最認的牌子也是小米和樂視。在他們心目中，互聯網電視是一個全新品項，而這個品項的領導者顯然不再是那些傳統電視副牌。

發展了數十年的電視機行業，僅僅幾年時間就在產銷量上被跨界而來的對手打敗，原因可能是多方面的。但就定位來講，直接升維並占據市場最大化概念，這樣的思路很正確，值得學習借鑑，傳統企業尤其要學習。

需要提醒的是，**升維定位並不是競爭導向，而是使用者需求導向。升維的核心目的不是為了打擊對手（那不如對立型定位更直接），而是創造或引導出新的需求**。

升維定位需要企業家有一定的戰略格局和市場眼光，但也要避免好高騖遠、過度判斷。這幾年流行的O2O互聯網創業，搞出了很多根本沒有多少需求或是偽需求的市場概念，比如上門美甲、上門洗車、上門按摩等。這些需求頻次低、習慣弱，結果企業定位很大，看上去很美好，但實際的市場狀況卻不是行銷能夠解決的，因為需求本身很難延續。

前述三種定位方法，是我在實踐中認為效率最高、思路最清晰的定位方法。尤其是創牌企業，在初期根據自身情況和使用者需求，可以選擇強競爭性的對立型定位，也可以選擇主打單一功能的USP定位，還可以做創新品類的升維定位。

定位之道，說法很多，系統方法論也很多，但前面三種是我畫出的重點，對應的是流量池思維的核心思想——快速獲取流量。只有定位準確，「定」住了用戶需求，這個定位才能快速立足並帶來流量。

強化品牌的視覺符號

你的品牌定位很好，但如何讓大家迅速認識你、記住你？怎樣用更少的費用，讓品牌傳播效果更好？減少或者停止了廣告投放，大家還能記住你、想起你嗎？

要想解決這些問題，需要依賴符號傳播。

我認為，品牌工作的本質就是打造符號、強化符號、保護符號。

蘿拉．里斯（Laura Ries）所著的《視覺錘》（*Visual Hammer*）一書，以及華杉和華楠所著的《超級符號就是超級創意》一書，都在討論符號傳播問題。這兩本書我推薦大家有興趣可以看看。

「視覺的錘子，語言的釘子」。好的符號主要是能夠刺激人的感知系統（視覺、聽覺、嗅覺、觸覺等），讓人產生強烈關聯印象。其中，視覺和聽覺又是最主要的兩種符號形式，我會特別展開介紹。

好的視覺符號就是在驚鴻一瞥中能夠給用戶留下印象，它包含產品LOGO、產品包裝、代表品牌的傳播形狀和人物代言。

產品 LOGO

產品 LOGO 是品牌的視覺標誌，一般分為文字 LOGO 和圖形 LOGO。圖形 LOGO 往往是為了強化形象記憶，與文字 LOGO 可以搭配使用。

近年來的趨勢是純文字 LOGO 越發成為主流，開始取代圖形 LOGO 的位置。文字即 LOGO，字體本身做好了就是標誌，進而讓品牌符號更加簡潔明瞭。這也或多或少受到了 App 介面設計（UI）一些觀念的影響。

比如，互聯網企業 Google（谷歌）、Facebook（臉書）、百度、LinkedIn（領英）等基本都使用無襯線字體設計，文字本身就是 LOGO，看上去簡潔大氣。（圖 2-1）

中央電視台的四角星、百威啤酒的皇冠、支付寶的盾牌等，這些視覺 LOGO 都被簡化掉了，盡量讓用戶所見即所得，LOGO 資訊不要太多。（圖 2-2）

我也特別反對一些花稍的字體標誌，因為識別度太差。你在街上看到這個品牌，可能還需要花時間去辨識，那就失去了第一眼認知的效果。所以文字設計盡量大大方方，識別度高，不要為

圖 2-1
掃描 QR Code 觀看
文字 LOGO 案例

圖 2-2
掃描 QR Code 觀看
被文字 LOGO
取代的案例

了「藝術」、「個性」而損失認知機會。（圖 2-3）

即使使用圖形 LOGO，企業也需要在 LOGO 上做簡化處理。多利用線條，圖形扁平化，色彩單一，來配合現代人的審美。

比如著名的星巴克女海神，經歷了多版本變化。（圖 2-4）

1971 年	星巴克在西雅圖派克市場開始經營咖啡豆業
1992 年	成功上市
1987 年	開始供應手工調製的濃縮咖啡飲料
2011 年至今	已成立四十多年，並進入新的發展階段

騰訊的企鵝，做為一個動物符號，也做了瘦身。（圖 2-5）

達美樂披薩保留了經典的骰子圖形，但簡化成了幾個圓點。（圖 2-6）

圖 2-3
掃描 QR Code 觀看
缺乏識別度的文字
LOGO 案例

圖 2-4
掃描 QR Code 觀看
星巴克 LOGO 的演變

圖 2-5
掃描 QR Code 觀看
騰訊企鵝的
「瘦身」LOGO

圖 2-6
掃描 QR Code 觀看
達美樂披薩
LOGO 的變化

大家看看萬事達的新 LOGO，據說爭議很大，網友認為不值得花八百萬美元的設計費。但我覺得簡化得有道理，保留了經典的、重疊的兩個色彩，字體識別度也更高了。（圖 2-7）

另一個趨勢是圖形 LOGO 使用純色單一色，或者至少八〇%以上的純色，這樣會讓品牌有一個鮮明的主題色。比如滴滴的橘色、神州的金色、摩拜的橙色、ofo 的黃色、蘋果的白色、京東的紅色、瓜子二手車的綠色等。要注意的是，色彩本身的調性（比如黑色的神祕、橙色的網感、金色的高貴）也會賦予品牌調性。（圖 2-8）

企業也可以主動使用色彩話題進行促銷和活動，並且在創意上不斷強化，這樣就會形成強烈的品牌印記，甚至霸占某種色彩聯想。

產品包裝

產品包裝是品牌最重要的免費廣告媒介，而且是用戶消費的最後一米，所以需要花大力氣琢磨包裝的視覺符號。陳列櫃就那麼大，如何形成「面」上的組合型視效，提亮消費者視

圖 2-7

掃描 QR Code 觀看
萬事達 LOGO
的變化

圖 2-8

掃描 QR Code 觀看
主題色賦予
品牌調性

野；單個的產品拿在手裡，如何迅速打動用戶，這裡有很多技巧。

首先，產品的特殊造型本身就是一個強大的區隔符號；也就是說，產品即包裝。比如iPhone手機的造型、五糧液老酒的鼓形瓶、可口可樂的曲線瓶、葆蝶家（ＢＶ）的編織錢包、迪奧的真我宣言（J'Adore）長頸瓶香水、愛迪達的椰子鞋等。這些經典造型顛覆和突破了常規造型，所以識別度很高。

其次，主題色的運用。和ＬＯＧＯ一樣，堅持一個主題色，與形狀、ＬＯＧＯ、輔助圖形等形成一個專屬個性，進而在賣場陳列上形成視覺優勢面。比如，王老吉的傳統紅色、可口可樂的紅色、雪碧的藍色、江中製藥的淺綠色等。

中國白酒延續了上百年的紅色、金色包裝，認為這樣才符合民俗喜慶，但是藍色洋河經典依靠藍色完全顛覆了這一傳統。天之藍、海之藍也成為它的產品級別劃分，在終端賣場的一堆紅色、金色包裝中脫穎而出。品牌差異化也助力洋河市場迅速破百億元，僅次於茅台、五糧液。

最後，與產品有關聯的視覺圖形運用，有時候也叫輔助標識（ＩＣＯＮ），是為了進一步增加和具象產品特點，有時候比ＬＯＧＯ本身更重要，還可能成為整個包裝的核心亮點。

這一點也是很多設計創意的展現，既可能是特殊形象和紋路，也可能是色彩與文字組合。比如老乾媽的陶華碧頭像，增加了消費者信任與「老乾媽聯想」；路易・威登（LV）包的字母組合，雖然很多人吐槽，但確實成為LV的核心符號；旺仔牛奶的娃娃頭，這是一個很奇妙的頭像，看起來有點醜醜、土土的，但令人印象深刻，一直用到現在。最著名的當屬椰樹牌椰汁，被吐槽十幾年，據說是在微軟文書處理軟體Word檔上做出的設計，但這個色彩組合給人強烈的印象，陳列也很搶眼，同時傳遞了一種「我很醜，可我很實在」的可信感，所以不但消費者不嫌棄，還賺到了「反差萌」的歡迎。

luckin coffee是我近期參與創立的一個咖啡新零售品牌。就目前來看，產品整體的視覺包裝打造，確實為品牌的建立和推廣提供了不小的助力。因為這個案例較為鮮活，在此提出供大家參考和討論。

飽和度極高的藍色是luckin coffee的品牌色，如此選擇的原因有二。（圖2-9）

圖 2-9
掃描 QR Code 觀看 luckin coffee 的微博

一是藍色做為波長最短的三原色，對肉眼的衝擊力極強，可以快速形成搶眼的視覺錘，讓luckin coffee的品牌和「小藍杯」的具象，在受眾的心中構成強關聯，大大降低記憶成本。（圖2-10）

二是可以和大眾熟知的「星巴克綠」形成鮮明對比，也匹配全球第三次咖啡浪潮的「精品藍」趨勢，強硬地在咖啡市場中創立新符號。

除了大面積單色使用外，鹿角標識圖形採用了扁平化動物形象設計，輔助消費者進一步加深新品牌認知。藍色的視覺食欲感，鹿角的誇張與活力也都潛移默化地向消費者傳遞出「專業、新鮮、時尚」的品牌基調。

圖 2-10
掃描 QR Code 觀看 luckin coffee 被網友稱為「小藍杯」，顏色成為「視覺錘」

在代言人選擇上，除了要關注明星自身的流量基本盤外，更要讓明星和品牌氣質相符。湯唯和張震的文藝標籤已經為大眾熟知，和 luckin coffee 的新職場咖啡定位吻合，讓該咖啡品牌顯得更為高級。（圖 2-11）

圖 2-11
掃描 QR Code 觀看湯唯和張震代言口號：這一杯，誰不愛？

luckin coffee 一經上市，鮮明有個性的藍色包裝就受到了很多消費者的喜歡，從單調的傳統咖啡紅白杯中脫穎而出。在社群媒體上，luckin coffee 被網友們稱為「小藍杯」、「藍爸爸」，喝小藍杯咖啡正成為城市新流行。

代表品牌的傳播形狀

我們精簡ＬＯＧＯ、搶占主題色、做特殊造型包裝、設計各種輔助標識圖形，都是為了在千篇一律、千人一面的世界中讓自己有一些與眾不同，進而讓消費者認識和識別你。

在傳播具體素材上，形狀的占有與特殊化也開始成為一種流行。

長方形寬銀幕是電影的基本形狀，而二〇一六年，馮小剛的《我不是潘金蓮》首次使用了特殊的「圓形＋方形」組合，成為很鮮明的視覺亮點。據說這種畫幅是要展現法治社會的天圓地方，不管如何解讀，都給觀影者留下了深刻印象。

天貓貓頭，一直是讓我略感邪惡的一個形象，堪稱「貓中小魔鬼」。而從二〇一四年起，天貓貓頭造型的廣告開始成為一個又一個天貓「雙十一」的標配。這種特殊的廣告形狀，不同標準的長方形設計，玩出了很多品牌和天貓跨界的花樣設計，也讓貓頭形狀成為一種電商流行。

這是一個經典案例。

人物代言

從流量來講，所有娛樂明星、體育明星都是強ＩＰ（有產權的知識、藝術和娛樂資產），自身帶有流量光環，同時給企業新品牌帶來信任背書，是企業做市場符號的首選。

但一些當紅明星的代言較多，容易導致形象差異化不足，消費者往往記住了明星卻忘記了品牌。消費者能記住哪些品牌呢？

因此企業使用明星，仍然需要塑造該明星與企業產品特點的強關聯、強符號，盡量與該明星的其他代言相區別。

我們在做神州買買車、神州車閃貸這兩個品牌時，從成本角度考慮，只選擇了王祖藍一人。王祖藍身為一線明星，當時同時代言餓了嗎，廣告聲量巨大。如何讓王祖藍的形象跳出，鮮明地代表買買車、車閃貸兩個品牌，還讓消費者不易混淆，是一個比較困難的傳播命題。

解決方法是，讓王祖藍的形象進一步特色化，一個造型就代表一個品牌，在用戶心智上放大不同的造型識別差異。

具體到神州買買車，我們選擇了擅於模仿的王祖藍和日本當紅明星PICO太郎一起合跳洗腦神曲PPAP，這支舞蹈從音樂到肢體動作都非常有記憶點。同時，PICO一

圖 2-12

掃描 QR Code 觀看王祖藍「神州買買車」造型

身豹紋也成為王祖藍的造型。（圖 2-12）

「服裝＋PPAP 舞蹈」與王祖藍之前的廣告形象完全不同，可以說是全新的符號打造。作品釋出街後大量被洗版，僅單支影片播放就突破兩千萬次，在二線城市分眾大樓廣告投放後，成為當地流行元素，甚至很多小孩子都學跳這支舞蹈。

王祖藍豹紋裝成為神州買買車的搭配符號。

神州車閃貸是一款汽車抵押貸款產品，使用者族群分散、低頻，更需要持續傳播一個形象、一種聲音。

經過反復討論，我們設計了王祖藍「現代車財神」的造型。王祖藍頭戴財神帽，身穿現代衛衣，中間有一個大大的「車」字，一手拿元寶，一手拿汽車模型，始終只喊一句口號：神州車閃貸，有車就能貸。這種造型視覺反差很大，誇張但符合王祖藍擅長模仿的特點，也很接地氣，是貸款人群都能看得懂、記得住的討喜形式。（圖 2-13）

圖 2-13
掃描 QR Code 觀看
王祖藍「神州車財神」造型

除了明星，企業家和創辦人本身也越來越多成為品牌符號之一，除了成本低，還有一個優勢就是區別度好（企業家不可能代言多家），個性獨特，能夠廣告公關一把抓（企業家的很多語錄、發布會都更偏公關傳播）。代表性人物有賈伯斯、祖克柏、馬雲、雷軍、羅永浩、陳歐、董明珠、潘石屹、周鴻禕等。

企業家（創辦人）個人符號會與產品有很強的形象、氣質和風格關聯，讓用戶能夠以物思人，所以需要有專門團隊進行企業家形象設計，觀其言、察其行，才能讓企業家更準確地為品牌賦能。

如果品牌沒有明星、企業家代言，那麼選擇員工代言也是不錯的方向，尤其在服務行業，服務者憑藉其真實感、專業感，透過視覺形象包裝，成為企業一張鮮亮的名片。

神州車閃貸連續使用了多種財神姿勢打了近半年的分眾廣告，並配合地面推廣、分銷管道和網路傳播，僅半年時間（截至二〇一七年六月），單月成交量就超越了二〇一六年半年交易量總和。

圖 2-14
掃描 QR Code 觀看
神州專車「金領司機」

神州專車的視覺符號就是「金領司機」。（圖2-14）在以私人車主為主的專車行業，為了強化神州的自有司機、專業形象，神州精心為司機設計了白襯衫、金領帶、金色領帶夾、小馬甲等服裝搭配，通過專業培訓和SOP管理，一批又一批的神州金領司機不僅給乘客留下了與其他競爭對手完全不同的專業形象，還代表神州完成了多次國家級重大會議（如G20峰會、世界經濟論壇、「兩會」[1]媒體用車等）的專車任務，成為神州「安全」的第一視覺符號。

「最具亞洲風情」的新加坡航空，擁有國際航空業辨識度最高的新加坡女孩，身著馬來紗籠服飾，笑容溫婉的形象給乘客好客與優雅感。

視覺符號在品牌傳播中是最重要的元素。絕大部分用戶透過「暗中觀察」、「耳濡目染」來體驗產品和服務，視覺符號的包裝打造與長期維護，是企業品牌部門的首要工作。

強化品牌的聽覺符號

聽覺符號是視覺符號外的一大補充，主要形式有兩個：口號（Slogan）與韻曲（Jingle）。

1 指中國召開的「全國人民大會」和「中國人民政治協商會議全國委員會會議」。

我在前文已經分析過，好的定位很容易形成好口號，也便於傳播。之所以把廣告語放到聽覺符號部分來講，是因為口號的念出很重要。

很多廣告語因為朗朗上口，才被大家口口相傳，進而形成品牌記憶。我覺得，只能看、不能說的口號太書面，還是差點兒意思。「只可意會，不可言傳」，代表著還不夠直白、不夠落地，傳播會打折扣。

尤其在移動互聯時代，好的廣告語一定要說人話。弱化廣告腔，不要說大話、空話，更不要說大家聽不懂的話。

廣告人有個電梯測試理論，說的是銷售人員跟一個用戶推銷，要想像在一台纜繩突然斷了的電梯裡，如何在二十秒下落時間內，在對方高度慌亂的情況下，把產品推銷給他。這個略顯極端的理論，告訴銷售人員在大家都很忙、情緒普遍躁動的情況下怎麼賣產品。如果不說人話，就是不好好說話，很難迅速交流成功。

- OPPO手機的「充電五分鐘，通話兩小時」，簡單直接，誰都聽得懂，而且略微誇張的資料會有槽點，衝突感強。

不好的口號也很多。基本上一些字數對稱的口號（比如，絕大部分汽車廣告的上下對聯形式）我都不太喜歡，廣告腔太濃，還停留二十世紀八〇年代的水準，很難在網路語言高度豐富的今天讓用戶感覺有趣並且記得住。

- 「理想生活上天貓」，在文案上就沒有「上天貓，就購了」更自然灑脫。
- 「一處水源供全球」，消費者對恆大冰泉的這個口號應該會感到莫名其妙，不知道有什麼意義。
- 京東的「多快好省」也不是好廣告語，定位是對的，但句子本身太通俗，記不住。廣告投了這麼多年，但估計大部分人還是與品牌聯繫不起來。
- 華為的手機廣告拍得都不錯，但缺乏有傳播力的廣告語，好在品牌力足夠強，公關話題多，不怎麼靠廣告語。

除了口號，Jingle是品牌聽覺符號的另外一種形式。

Jingle在《牛津詞典》中解釋為「吸引人又易記的、簡短的韻文或歌曲」，尤其在廣播或電視廣告的結尾部分出現。

- 最有名的如英特爾廣告結尾，「燈，等燈等燈」，聽覺識別度很強。
- MOTO（摩托羅拉手機）當年廣告的結尾音「Hello，MOTO」很經典，現在都能想起來。
- BMW（寶馬汽車）的結尾同樣，雄壯的幾個音符敲擊聲，已使用多年。
- 滴滴廣告結尾的「滴滴一下，馬上出發」，也是一種Jingle。
- Windows（微軟作業系統）開機的聲音，iPhone手機的鈴聲，都是Jingle。

企業可以主動在用戶溝通中設置Jingle點，比如客服電話接通之前的等待音、服務開始時的打單聲音、廣告片的結尾小旋律，或者App裡面的提示音。這些聲音設置，都可以讓用戶對品牌產生印記。

比如神州專車，如果訂車成功，會有一聲清脆的「叮」，這個聲音尤其在早晚高峰時讓叫到車的人感覺很爽。神州產品部門曾經把這個聲音拿掉，結果招來一些用戶投訴，後來又恢復了。

Jingle 形式短小精悍，但不走視覺尋常路，也許能成為企業突破常規傳播的一個「活躍分子」。用聲音喚起記憶，用聲音想起品牌，值得企業在品牌落地時好好研究。

第3章

品牌廣告如何做出實效

基於品牌定位，創業者很容易想到屈特式定位的兩個經典案例：一個是王老吉「怕上火」，另一個是瓜子二手車的「瓜子二手車直賣網，沒有中間商賺差價」。從品牌聲量來看，這兩個案例都具有代表性。

可以想像每年都會有很多企業，聘請類似屈特這樣的品牌諮詢機構，或者奧美、陽獅等4A級廣告公司，進行品牌定位和產品包裝，可能有很多品牌已經找到了差異化定位，也建立了名稱、符號、賣點的系統性區隔。但是從最終結果來講，每年真正透過定位落地、嶄露頭角、取得市場成功的新品牌似乎屈指可數、寥寥無幾，更多的則是泯然眾人、悄無聲息。是它們的定位不準確、廣告投入不充分，還是實際執行不到位？

可能各種情況兼而有之。我常覺得，三分戰略，七分執行。很多國際品牌的定位其實並沒有國內新創品牌那麼犀利、那麼有進攻性，甚至更多偏於情感和價值觀（比如成功、美好、快樂、挑戰等），在我看來是很難迅速見效的，但它們堅持長期執行，也取得了巨大的收穫。

而中國品牌，欠缺的可能不是定位問題，而是品牌生根執行。如何透過外在手段，真正讓消費者感知、認可你的定位，進而迅速獲得市場成長呢？

請注意，我用的是「迅速」二字。品牌定位再好，如果沒有明確的產品支撐、準確的場景切入、實效的廣告投放，那麼這個定位很有可能是空中樓閣，無法支撐一線行銷，帶不起流量成長，淪為別人無法理解的「滑頭不實」。

所以在本章，我會重點討論品牌生根的一些戰術打法。

場景：用品牌做流量的「扳機」

做為廣告行業的甲乙方，經常能碰到一個情況：很多品牌廣告投放花了不少錢，但企業成長的效果並不明顯，乙方廣告商覺得是投放還不夠飽和，甲方內部會認為品牌廣告就是沒效果、見效慢。

原因可能是多方面的，但首先要自查一下：品牌生根，是否有足夠準確的行銷場景。只有在場景中跟消費者溝通，品牌才會在「正確的地方說了正確的話」，才有可能迅速帶來轉化。

我認為**場景行銷就是讓品牌能夠迅速接地氣、帶流量、出效果的關鍵**。品牌如果是一把手槍，場景就是扣動品牌子彈的扳機。

「場景行銷」也是這兩年比較熱門的詞。通俗地講，場景行銷就是為你的產品找到具體的消費環境（時間、地點、心情、狀態），進而提高購買轉化。

加多寶會在火鍋店做促銷，吃火鍋就喝加多寶。在各種麻辣燥熱中，讓人很容易想喝一罐去火涼茶。

英國百貨公司約翰・路易斯（John Lewis）從二〇〇七年開始每年會推出一條高品質的耶誕節廣告，在英國被視為聖誕季開始的標誌。其二〇一五年推出的聖誕廣告《月球上的人》（*Man on the Moon*），YouTube 點擊量超過兩千萬次。（圖 3-1）

圖 3-1
約翰・路易斯百貨公司的耶誕節廣告《月球上的人》影片 QR Code

商家打造的「情人節」、「父親節」、「六一八」、「雙十一」促銷活動，也是創造了各式各樣的節日消費場景，讓淡季不淡，全民狂歡。

今天場景行銷在移動時代有了技術參與，有了資料標籤，使企業可以透過大量的使用者資料分析，得出使用者畫像和消費規律，讓場景的選擇更加精準、更加有效。

神州專車定位安全之後，為了在競爭中殺出一條血路，做了六個利基市場的場景細分：**機場接送、會務用車、帶子出行、孕婦、異地出差和夜晚加班**。

第一個場景是機場接送。這是最關鍵場景，是一個核心的、神奇的場景扳機。

神州專車在場景化選擇上特別強化了一些商務人士的需求場景，其中機場接送最為關鍵。做為一個後起品牌，在挑戰已經牢牢壟斷出行市場的滴滴、優步時，並沒有從早晚高峰出行切入，而是透過機場接送這個窗口撬動了整個市場。（圖3-2）

圖 3-2
掃描 QR Code 觀看神州專車「金色星期天，免費接送機」廣告

幸運的是，當時在神州的App上正好有一個專門的機場接送按鈕，這是其他任何專車App上都沒有的（一年後它們才陸續增加）。這個按鈕值得獎勵產品經理一百萬元，他的這個場景意識節約了技術開發時間，直接提供了場景行銷入口，簡直是神來之筆！

機場接送對中高端用戶來說是一個中高頻的需求強度，也有出行必備的安全需求。神州專車抓住這個場景，避開滴滴、優步等早晚高峰期的黃金爭奪，劍走偏鋒，用了兩個月的時間發動兩輪攻勢，連續攻打機場接送市場。

第一輪，神州專車主打「金色星期天，免費機場接送」。連續四個星期日機場接送八十人民幣以內免費。這一輪活動開始後，神州專車的機場接送訂單猛增，迅速切

割出機場接送市場。在活動期間，中國超過三十萬使用者享受了機場接送服務，首週的訂單量就達到八萬。

但火力還不夠猛，於是緊接著發動第二輪攻勢，推出了「機場接送就用神州」的千元券活動，即「新用戶註冊即送一千人民幣機場接送券」。

這個活動的補貼力度很大，當時非常轟動。雖然是優惠，但沒有盲目優惠在日常出行上，因為機場接送一千元券是二十張券，有消費時間和金額限制，而且一般機場接送訂單金額高，所以對企業來說比常規優惠更合適。

在送千元券活動結束之後，神州專車每天的機場接送訂單超過四萬單，占據當時四〇〇%以上的專車接送服務。神州專車一舉成為中國機場接送市場第一品牌，並透過這個窗口場景，獲得了大量商務用戶的嘗試和認可，讓它成為後起之秀，站穩了腳跟。

第二個主打場景是會務用車。神州專車在二〇一五年就制訂了「頭等艙計畫」，即為高端會議提供專車服務，前期透過優惠做品牌教育以擴大影響，提升品牌形象。該計畫執行得很順利，競品當時忙於主戰場（早晚高峰）爭奪，沒有跟隨殺入。

今天一些忠誠度很高的商務人士和企業都會選擇神州，很多是受高端會議的影響。神州用一年時間就拿下了中國絕大部分高端會議的指定用車，包括世界經濟論壇用車、烏鎮互聯網大會用車、杭州二十國集團（G20）峰會用車、「兩會」媒體記者採訪用車、全球移動互聯網大會（GMIC）用車等。（圖3-3）

透過「頭等艙計畫」，神州專車將「高端會議用車領域唯一可選專車」這一印象植入用戶心智，並且進一步推廣，使神州成為很多企業主管的接送用車。這就是品牌在安全、高端形象上的又一個場景突破，並且由於會議用車單價較高，成為專車優質訂單的來源之一。

第三個場景強調了夜晚加班市場，特別是女性夜晚加班市場，**創造了「第三高峰」**。

這個場景是大數據分析的貢獻，也是屬於撬動整個專車用車習慣的窗口型場景。在分析數據時我們發現，每晚八到十點基本是專車訂單的離峰時段，但神州主打安全之後，這個時段有訂單量的波動。我們在後續調查中發現，很多商務人士尤其是女性用戶到了該時段，會選擇使用神州專車出行，因為神州專車符合他們的安全需求。

我們想到，如果強化夜晚加班回家場景，有可能會撬動更多辦公大樓商務人士的

圖 3-3
掃描 QR Code 觀看神州專車「G20 峰會官方指定用車」廣告

消費，所以神州專車開始鎖定高端女性白領用戶，強化女性夜晚加班市場。

我們在高端辦公大樓的電梯媒體上進行廣告投放，主題叫「放心睡」，告知用戶夜晚加班回家，只有在神州專車上才能安心地打個小盹。除了廣告，又有針對性地發放了「加班限時券」（僅在晚上九點後可以使用）。（圖3-4）

圖 3-4
掃描 QR Code 觀看神州專車「放心睡」廣告

在打出系列動作之後，每到晚上九到十點，後台顯示資料不但沒有降低，反而會出現一個新的高峰，成為早晚上下班高峰之後的「第三高峰」。

其他三個場景是**孕婦、帶子出行、異地出差的利基小場景**。

根據使用者資料分析，下車地點為婦產醫院的位置定位占有不小的比例。我們認為，如果為孕媽提供安全專車，不僅會有一部分市場（二〇一六年是二胎出生高峰年），也會極大地提升品牌安全形象。

於是我們開發了孕媽專用的App叫車入口——孕媽專車，成為中國唯一的孕婦出行專車產品。

透過孕媽專車按鈕叫車，孕婦能得到司機更好的照料和控速，另外還有音樂、腰枕等。此場景後來透過和蜜芽、美柚等孕媽軟體合作，很快做到了日均五千單以上。

帶子出行，跟進了家庭用車市場，也是主打安全牌；異地出差，切割的其實是異地用車安全的差旅市場。這些場景雖然比較小，卻是品牌安全強化的好場景。

當用戶有全家出行、外地出行用車需求時，安全是一個心理點，而神州專車提供第一解決方案。

前述六個場景，就是神州專車安全品牌落地的六把尖刀，使神州專車在當時競爭異常殘酷的市場上殺出了血路。

我們避重就輕，抓住一個核心按鈕（機場接送），做好核心人群（商務人士）服務，進而讓價格優惠到了刀口上，沒有大把撒錢，盲目跟對手正面硬拚。

透過這六個場景，神州專車在半年時間內獲得了一千五百多萬用戶，繼而鞏固了自有壁壘，逐漸殺入早晚用車高峰市場，讓品牌站穩了腳跟，擴大了市場，成為專車大戰中最後的選手。

初創企業在品牌生根時可以參考神州的場景行銷案例，多做利基切割，集中優勢占領一個或幾個關鍵場景，為贏得全面勝利積蓄力量。

做好品牌接觸點，省下千萬廣告費

顧名思義，品牌接觸點是品牌和用戶能夠接觸的地方。這些地方充滿了各種用戶體驗的細節，是使用者對產品從視覺、聽覺到感覺的全方位了解。

我們投放廣告的目的是搶占使用者心智，給用戶在記憶中提供一種選擇我們的可能性。但是廣告的覆蓋畢竟是有限的，**用戶第一次接觸某品牌很可能不是看到品牌的廣告，而是直接看到產品本身**，比如產品包裝、App、服務人員等。因此這些品牌的接觸點才是真正讓用戶了解品牌，並對品牌形成長期依賴的關鍵所在。

做好品牌接觸點，就是做好品牌最有效、最便宜（甚至不花錢）的廣告位，是品牌生根的一個重點，能為企業省下大量廣告費。

不同的產品有不同的接觸點。對於快速消費品（簡稱快消品）來說，接觸點可能就是產品自身和產品包裝。包裝是快消品牌和其他產品競爭時脫穎而出，並引起消費者注意的重要行銷陣地，比如小茗同學、茶π、農夫山泉長白山系列、百事猴王罐、可口可樂的歌詞瓶、小罐茶、江小白等。

相比之下，對於服務產品的接觸點就比較多了。比如餐飲行業中，菜餚的造型、餐具的選擇、裝修的風格、服務人員的穿著與應對等，都是品牌的接觸點。

如果是航空公司，那麼訂票網站設計、空姐的制服與服務、機身與內艙的設計、候機室、會員積分系統等，都是品牌接觸點。我曾參與東方航空的接觸點討論，大概有三十多處，都是一些用戶體驗細節。

行動時代，我們思考和布局接觸點的邏輯，主要從線上線下的消費場景來進行排查。

例如：你想買一份麥當勞餐點，那麼接觸點可能有四個：

- **線上購買**：比如接觸麥當勞 App、官網，或者微信小程式。
- **線下門店**：比如門市裝修、購買流程、服務員 SOP。
- **產品接觸**：比如食品、包裝等。
- **外賣接觸**：比如配送人員 SOP、服裝、配送包裝等。

這些接觸點都有品牌展示和傳達的機會，都是可以精心策劃的。

絕大多數產品，只要有 App 或電商平台，都可以有線上線下的不同板塊接觸點。

神州專車提供行動出行服務，它的品牌接觸點主要分為兩部分：一部分是線下的司機和車輛，另一部分是線上App。

首先是**司機SOP標準**。

神州熟客都知道，神州司機在用戶用車時是有固定話術的，比如：

- 你好，我是神州專車×師傅，請問你是在××（地點）上車嗎？
- 根據導航提示，需要××分鐘，你放心，我儘快。
- 你覺得溫度合適嗎？

除了前述應對外，神州專車司機的穿著也要求規範化，即「西裝＋領帶」；在乘客上車前司機都會在車外等待，並主動為乘客開關車門；孕媽專車服務更有多個配套動作。

其次是**車輛標準化**。

神州的車輛基本以黑色商務車為主，集中在豐田Camry、福斯Passat、奧迪等車型，辨識度非常高。車輛要求保持乾淨，前窗整潔。車內必備標準用品，比如面紙、充電器、雨傘、工具箱等。

還有一個有趣的小細節，當司機空閒時，神州會要求司機用乾抹布擦拭車窗玻璃，並優先擦拭左側前擋風玻璃。因為根據測試，如果這個位置的玻璃很乾淨，用戶會有心理暗示，認為整輛車都比較乾淨。

最後是**App的UI設計標準**。

不同於其他出行App，神州App選擇了金色當作視覺主色調。金色並不是對比度鮮明的色彩，甚至有點土豪，但它堅持使用其做為App主色，營造了更加高端、尊貴的視覺印象。

同時神州在App的UI設計上也盡量扁平化、ICON化。而對於主推場景，如機場接送、孕媽專車等，都開發了獨立按鈕，讓使用者用起來更加方便。

如前述案例，品牌要選擇和用戶接觸最多的地方發力，讓定位能夠點滴呈現出來，這樣才能潤物細無聲，讓用戶和品牌建立最持續的依賴關係，進而實現口碑引流。

品牌戰略：產品要為定位不斷賦能

如前文所言，使用者接觸最多的是產品，使用者會對產品進行優缺點評估，形成用戶印象和口碑。

如果品牌定位和用戶體驗是一致的，那麼這種口碑效應會被放大，為品牌帶來各種益處。如果在產品中感受不到品牌的定位或感受不明顯，那麼這個定位就是無源之水，既不能被用戶認可，也很難在企業內部得到認同並被發揚光大。

所以**品牌定位等同於企業的品牌戰略，為產品的設計、優化和體驗升級指出明確的目標和方向**。

一些企業為吸引消費者的目光，刻意製造與競品的差異，明知自己的產品沒有某些特徵和優勢，在品牌定位時仍強行加在自己的產品上，製造品牌光環，誤導消費者。這樣不但沒有給消費者留下很好的印象，還破壞了企業自身的形象，降低了消費者對企業的信任度。

比如中國手機大戰中被用濫的「黑科技」、「無邊框」等詞彙，產品本身還沒做到，但是定位先拉大旗做虎皮，被網友戲稱為是對黑科技的「侮辱」。

即使大品牌也有定位超前的失敗案例。

二〇一六年，支付寶為強化社群定位，強行進行了多次社群產品推廣，最有名的一次是當年十一月推出的圈子功能。據媒體報導，圈子功能根據不同人群特徵「邀請進入生活圈」，包括「校園日記圈子」、「白領日記圈子」、「海外日記圈子」等。例如：「校園日記圈子」，只有女大學生才可以發布動態，不能發布動態的使用者可以點讚和打卡；而「白領日記圈子」則只有白領女士才可以發布動態。湧入的支付寶用戶發現，剛上線的「白領日記」和「校園日記」裡多數狀態是透過晒美照求打卡，有些甚至是尺度非常大的照片，還有一部分是在做廣告。

鑑於此，圈子功能及其社會影響引發社會廣泛關注和負面評論。隨後，螞蟻金服董事長出面道歉，並強調團隊要清楚「要什麼不要什麼」，支付寶也迅速關閉了圈子功能。

請注意：如果是**創業期產品**，**品牌定位務必要與產品設計同步**。產品設計是確定需求和功能差異，品牌定位則是強化賣點和形象，前者是後者的基礎，後者則是聚焦出前者的核心優勢。

產品主義至上，正在成為這個時代的成功法則。「取悅自己，才可能取悅用戶。」在企業裡，產品經理甚至就是半個行銷負責人。他們的很多使用者洞察，直接反映在產品的具體設計和功能更新上，用產品為品牌定位打下了堅實基礎。如果市場品牌部門能夠和產品部門密切合作、相互啟發，那麼產品的成功率會大幅上升。

二〇一七年六月，ofo單車與著名動畫形象小黃人開展了「黃黃聯手」的跨界IP合作，小黃人造車工廠、小黃人集卡送七十七．七七元、街頭免費吃香蕉等活動，形成了一波又一波的洗版級行銷。而我最認可的，就是ofo產品部門設計出了一款「大眼車」，萌萌的造型非常受歡迎，據說這款車一投放街頭就被騎行一空。

這就是產品部門和市場部門聯手出擊的效果，產品設計讓品牌更有力，也更有趣。

神州專車在定位「安全」後，不僅強化了自有司機的入口招聘培訓管理，還在產品方面，透過研發和改進，用產品為品牌定位不斷強化賦能，先後推出了一百七十虛擬電話（使用者與司機相互無法看到真實號碼）、OBD（車上診斷系統）、孕媽專車、無霾專車等。這些產品或功能極好地強化了專車安全，而且很多都是全球首創，獲得了用戶認可與市占率。

身為企業一把手或 CEO，要深刻理解「產品即品牌」的道理。產品主義是一切品牌建設的原點，在產品設計時就應該明確品牌定位，甚至開始構思如何放大品牌傳播。

不甚理想的是，很多大型企業往往內部流程複雜，大企業病嚴重。產品部門閉門設計出產品後交給市場部門去定位和策劃推廣，使得品牌很難從出生那一刻就給人留下深刻的印象，既浪費了寶貴的綜效，也誕生出很多平庸且毫無風格的品牌。

傳統品牌廣告如何將流量變為銷量

硬廣告（相對於業配文、置入等軟廣告形式而言）目前主要有兩種。

一種是基於互聯網標籤技術的精準廣告投放（如 SEM、feeds、DSP 等），也就是效果廣告投放。互聯網廣告都應該做效果廣告，如果在手機上投放，還以純品牌曝光來考核，比如一些 App 開啟螢幕、影片插播廣告等以 CPM（以每千次曝光成本）來核算的曝光型廣告，我認為是有些浪費的。正如我在前文所言，**能做品效合一，就絕對不做純品牌投放，行動網路硬廣告全部應是品效廣告，不能浪費流量**。

另外一種硬廣告形式就是傳統品牌廣告，包括傳統電視、電台和戶外看板等。這些投放沒有網路標籤定位，很難追溯效果，只能進行初級的用戶分析和投放分析（即使現在有一些所謂的戶外廣告人臉識別分析，也只是噱頭）。這種非精準流量是有的，但效果模糊，代理商一般也不敢承諾效果。

傳統品牌廣告需要企業有投放的經驗、勇氣和智慧。首先，傳統品牌廣告效果無明顯判斷，投放達不到一定量可能基本無效。其次，傳統品牌廣告一次性花費較多。網路廣告能不斷試錯調整，前期測試費用只需幾千元到幾萬元；而傳統廣告，比如戶外站牌、分眾廣告、央視或衛視投放，費用基本起步就是百萬元、千萬元，而且分幾期支付完畢，企業往往壓力較大。

業內的一個普遍共識，**傳統品牌廣告基本只能起到告知和品牌展示作用，很難迅速出效果**。「品牌是要潛移默化、不斷教育的，所以做品牌就是純做品牌」，這個共識可靠嗎？能不能修正一下？

出於投放原因，神州跟很多傳統廣告媒體都合作過。也因為興趣使然，神州在分眾廣告上做過多次轉化測試，測試命題是**如何讓傳統品牌廣告直接出效果？**

透過一些不同想法、手法的嘗試和測試，以及和業內其他市場人士的交流，在傳統廣告如何流量變銷量方面，我總結出了以下一些技巧和經驗，謹供參考。

明確投放場景，素材簡單直接

投放場景很關鍵。互聯網資訊流廣告現在推出一個概念，叫做原生廣告，意思就是廣告是融入用戶閱讀場景的，盡量不要做得太像廣告，不要打斷用戶的閱讀感受，這樣才容易被點擊。

比如，如果你想要買一副眼鏡（在京東或天貓上搜尋），那麼看今日頭條時，正好有這麼一支眼鏡廣告很像新聞的樣子夾在眾多新聞中間，被你注意到，你就很容易去點擊。同樣，你看微信朋友圈的時候，如果一支廣告很像朋友發的一張生活照，還很自然地跟你打招呼，你也會關注並可能點擊。

互聯網原生廣告追求浸入式體驗，不打斷使用者當時的狀態和場景。這有點像變色龍的皮膚，和周邊環境融為一體。

傳統廣告則完全相反，在一堆雜亂資訊的現實世界中，必須非常硬朗、迅速地讓用戶看到並記住。尤其是戶外廣告，**簡單、直接、重複**是很有必要的。「一瞥鍾情」、「一聽鍾情」，比「一見鍾情」難度更高。

不得不承認，「收禮還收腦白金」、「恆源祥羊羊羊」這些廣告人覺得惡俗、大眾的廣告詞，卻耳熟能詳、簡單上口，並被不斷重複記憶。

有些優美、走心的文案型廣告，雖然當時有洗版級的效果，但其實和品牌的直接關聯度並不大，往往熱度一過，大眾很難記住，空留下一些經典文案，卻沒有留下品牌印記。

戶外廣告也是明確直接就好，強化品牌關聯，給使用者一個有力的符號或主張。

做為一線城市最主要的傳統廣告，分眾電梯廣告是很多創業品牌的首選，廣告屬於被動式接受。電梯內外人員比較密集，而且很多用戶習慣性地在這裡玩手機或跟同事聊天。做分眾廣告，無論是電梯一樓的ＬＣＤ（液晶螢幕），還是電梯內的框架形式，平面素材建議應更加簡單、直接。如果是ＬＣＤ影片廣告，視覺效果盡量乾淨，不要有情節創意，廣告口號要直接，音量要稍微調大一些，便於提醒客戶在等電梯時予以關注。

神州專車的純通告型廣告沒有設計，就是簡單直接，重要的事情說三遍，效果非常好。

（圖3-5）

有一些分眾廣告表達太繞，讓用戶很難一眼看懂。也許廣告行銷人會更關注這類廣告，普通用戶是很難有興趣的。

分眾的海報一定要在快節奏的時空裡，把企業的核心資訊直接展示出來。如果表達不清楚、畫面抽象、文案太繞，那這個投放浪費很大。

圖 3-5
掃描 QR Code 觀看
神州專車針對社區業主
的通告型分眾廣告

傳統廣告也要提供互動方式

前文提過廣告行業裡一個著名的AIDMA法則，指用戶購買行為會分成五個階段，即關注、興趣、欲望、記憶和行動。

這五個階段很經典，展現了品牌廣告的轉化路徑，但從今天移動互聯時代的行銷來講，這五個階段也展現了品牌廣告的弊端，就是路徑太長，使用者隨時跳出而不轉化。

企業做電商行銷，對「跳出率」一詞都很敏感、很關注。「跳出」是指用戶在瀏覽首頁後就關閉離開，對其他頁面並無興趣。在AIDMA法則裡面，傳統廣告最容易在記憶、行動這兩個環節跳出，因為當時場景不到位，用戶不能立即行動（比如在電梯內要著急下樓、在公車站牌旁等車等），進而導致「跳出」離開，讓品牌廣告很難走到最後一步。

今天的用戶接收到的資訊量太多，如果當下不能讓欲望變成行動，那麼一兩天之後可能就會淡忘、放棄或變得更理性。這是傳統品牌廣告的一大痛點，很難徹底解決。所以廣告代理商給甲方的建議，通常是多投組合廣告、強化記憶、拉長用戶的記憶時間，使其可能某次在終端購買時最終行動。

這並不是好的解決辦法。

在沒有根治的方法之下，只能在當前品牌廣告中增加互動方式，盡可能保留、轉化用戶，增加品牌與用戶下一次接觸的機會。**這裡可以利用我推薦的「傳統廣告四件套」：強化客服電話、放置二維碼、推薦關注微信、給出百度搜尋關鍵字**。這四種手段都是為了讓用戶盡量能夠記憶品牌，或者當時當刻和品牌建立聯繫。

有沒有互動方式，有沒有好的位置擺放，都會讓效果完全不同。

神州車閃貸從創立到成形的四次分眾廣告投放畫面，都是神州團隊和台灣奧美一起做的創意和設計，也加入了多次測試，目標就是廣告投放後能夠有更多業務電話撥打量。（圖3-6）

圖 3-6
掃描 QR Code 觀看神州車閃貸的分眾廣告優化

第一版是汽車龍捲風。畫面漂亮，但量每天不到一百個。

第二版使用了3B原則（baby、beauty、beast 三個英文單字字首的縮寫，是廣告吸睛的著名手法），畫面俗氣接地氣，撥打量增加了三〇%，但感覺還是不到位，CPS很高。

第三版開始大量做簡化，強化符號記憶，即車財神。第三版最大的改變是強化了電話號碼，放到了主廣告語上方。請注意，這個小小的改變讓電話撥打量增加了一四〇%。畫面簡潔、資訊直接、電話明顯，讓這一版廣告成為即時有效廣告。

第四版是基本成熟版。請注意它的細節變化。第一，使用了王祖藍替代卡通形象，名人IP顯然更吸引關注。第二也是最關鍵的，就是將以往囉囉唆唆的幾個核心賣點變成下方三個ICON：兩小時、五十萬、〇．四九%。所見即所得，更加簡潔突出。第三，提升了二維碼的位置，即在畫面右上方。

這一版帶來的留資量在前一版基礎上提升了多少呢？

三〇〇%多。原因在於不僅有明星效應，更主要的是用戶一眼就能看到賣點。

請注意，因為二維碼的位置提高，這一版廣告投放後掃碼留資量大幅提升，甚至超過了電話撥打量。

這版廣告讓我們對分眾的快速效果轉化有了更多認識。

品牌廣告上一定要有互動方式，並且放在醒目位置。用戶都很忙，你放上了哪種互動方式，他就會優先選擇哪種方式。

有一些產品廣告主動提供搜尋關鍵字，也是很聰明的方式。京東和天貓還提供類似「天合計畫」等廣告互換形式，即你在海報上使用天貓搜尋框，可獲得天貓給予一定的流量位置曝光。

在互動形式裡，我不太建議留二維碼去下載App。分眾電梯裡訊號一般很差，讓使用者去掃描一個幾十兆的App，成功率很低，建議關注微信或微信小程式即可。

對於戶外廣告的選擇，我常說一句話：「**流動的人看不動的媒體，不動的人看流動的媒體**。」人和媒體必須得有一個是靜態的，這樣效果才會好。想想你身邊的廣告形式，如果人在流動，媒體也在流動，那麼什麼互動資訊都留不下來，效果能好嗎？比如在人流量很大的地方放置液晶大螢幕廣告，還有那些在大街上來來往往的車身廣告，看起來很熱鬧，其實人和廣告都在流動，資訊基本駐留不下來，用戶也是走馬看花。

多用產品活動帶品牌，品牌廣告也可帶上促銷資訊

還有一招可以提高傳統廣告效果的，就是「產品活動 ＋ 促銷福利資訊」。即使是純打形象的品牌廣告，也可以實現品效合一。畢竟打一週全國分眾廣告的價格是五百萬人民幣起，我們能多帶一點促銷資訊，就不要輕易放棄。

我最喜歡的廣告打法是用產品帶品牌，而不是品牌帶產品。任何品牌的特點都是可以用一個具象的產品來說明和展示的。打產品廣告的好處，就是更直接、更利於促銷、更易激起消費者的購買欲望。

產品帶品牌，不僅僅是在畫面中心主要放產品和活動，也可以把品牌背書做為重要支持點，以ICON的方式進行輔助展示。

福利（促銷、優惠）在所有的商業轉化行為中都是不可或缺的，是4P（即產品、價格、通路、促銷）行銷理論中很重要的一環。只用品牌溢價，就能帶來源源不斷的市場成長，是很多行銷人的美好想法，但是更多時候，我們要考慮的創意其實是促銷和價格組合的創意。

神州租車的分眾海報，就是明顯提升業務量的好海報。（圖3-7）在設計它之前有

過一張樣稿，主題是「大品牌，放心租」，畫面中心講的是神州租車的行業地位和保障措施，把產品促銷資訊放到了下方。

經過討論，我們決定放棄這一樣稿，改成把產品核心資訊放到主畫面，把品牌背書資訊放到下方，整體對調了一下。

產品核心資訊我們講了兩個點：「萬輛新車駕到，僅六十九元起租」。為什麼呢？在消費者調研中神州發現，最直接激發用戶租車的點，一個是價格，另一個是車況（是否為新車）。如果把這兩個強有力的賣點放到品牌下方，就是浪費。從租車決策的邏輯來看，價格和車況首先得吸引用戶，讓用戶產生興趣，他才會進一步考慮你的品牌和保障。如果沒有激發需求，僅僅說自己的品牌好、有實力，是很難迅速實現轉化的。

圖 3-7
掃描 QR Code 觀看神州租車分眾海報的前後設計對比

這張海報投放後，短期內租車業務量有明顯提升。

我認為品牌在創牌階段，確實可以多打一些純形象廣告，提出鮮明的消費主張（比如神州專車創牌時就是主打安全形象），讓用戶知道你、認可你。待品牌有了知名度以後，就可以多用產品活動帶品牌，讓品牌在產品和活動中變得更加豐滿、踏實、有血有肉。

由於傳統媒體的價格較高，精準性又差，如果使用傳統媒體只打純品牌廣告，我感覺是比較浪費的，除非企業有重大公告（比如換標），或者是偏服務型企業（比如航空業、出行業等），否則能夠以產品為主、活動為主，就不要以純形象為主，可以把品牌做為下方背書，對產品購買形成支援即可。

廣告投放同步事件行銷，避免壁紙效應

提高傳統廣告轉化的最後一招，是讓廣告公關化，有話題性，甚至有大眾參與。

很多廣告從投放到結束撤出都是沒沒無聞的，在用戶頭腦中形成不了太深刻的記憶。這種廣告存在比例是很大的，我把它們稱為「壁紙型廣告」，即它們雖然就在你的身邊，但你就像忽略壁紙一樣忽略了它們。

那怎麼辦呢？

一種思路，當然是讓你的廣告創意更加出彩、超越。無論畫面、文案都更加吸引眼球、與眾不同，如果能激發用戶拍照或討論則更好。

除了廣告創意本身以外，另一種思路就是廣告公關化，配合廣告製造公關話題、行銷事件，讓用戶因為事件繼而發現身邊的廣告，避免壁紙效應，甚至彌補廣告的不足。

神州專車在確定「安全」定位後，打出了一系列吳秀波、海清代言的「我怕，拒絕黑專車」的教育型廣告，呼籲用戶注意乘車安全。這個廣告投放分眾、地鐵之後效果一般，很多用戶覺得神州有小題大做的嫌疑。

然而實際上，專車發生的安全事故與案件越來越多，並非商家誇大其詞，神州希望消費者能夠對此普遍關注和重視。於是在二〇一五年六月，神州專車製造了一個可以說是震驚全國、爭議極大的事件行銷案例——Beat U。

我們邀請了多位當紅明星，對當時最火爆的優步開炮，直接質疑對方的專車模式不安全，並指出其傳遞的「車內社交」對用戶是一種傷害。

由於神州剛剛起步，沒有什麼知名度，以弱小地位挑戰全球領導品牌，這個行為立即引發了大量關注和討論，直接成為當天微博熱門排行榜第一位，並被大量媒體報導。也有很多優步「粉絲」在神州的微博上圍攻謾罵，而更多的人是抱著看熱鬧的心理。但是在一系列一邊倒的「討伐神州」文章被推出之後，理性的思考和聲音開始出現。一些就事件討論專車安全的KOL和頭條文章陸續自發出現，如「神州的姿勢也許不對，但神州的觀點很正」；一些網友和文章的態度開始反轉，繼而神州投放在地鐵、分眾上的廣告也終於被大家發現，專車安全開始被很多理性用戶關注。

當晚，我們進行了道歉和發券，一分鐘之內微信道歉文章閱讀量破十萬，領券量最終突破六十萬。經此一役，神州專車在應用商店中的排名由之前旅遊類分類三十多位上升到第八位，總榜由第一百五十位上升到第六十一位，月下載量環比成長三倍。神州專車的安全定位開始被用戶認知和認可，並且迅速與滴滴、優步形成了三強鼎立之勢。

這種做法，在互聯網行業實際比較普遍（就在我寫作本書期間，ofo和摩拜又槓上了）。「王老吉和加多寶打架，死的是和其正」，業內趣談實際也是真實情況，往往吵架的兩家彼此心照不宣，吵架作秀追求雙贏，用戶往往也樂見其成。神州專車在初創期透過「Beat U」一夜成名，後續也有很多品牌模仿，但這種行銷也是把雙刃劍，企業如果沒有明確的、對消費者有益的定位主張，還是盡量慎用。

商場如戰場，既然有競爭對立型定位，肯定也需要競爭對比型廣告。當然如何優雅且巧妙地使用競爭對比型廣告或公關，還是很值得行銷人琢磨的，全球這方面的案例也很多（麥當勞與漢堡王、優步與Lyft、百事可樂與可口可樂等）。

有趣的是，二〇一六年，優步要退出中國時，神州專車在「Love U」行銷案例中（後面章節將講到）表達了對優步的尊敬，以及對優步「不打不相識，且行且珍惜」的複雜情感。

第4章

裂變行銷：最低成本的獲客之道

在講完品牌、定位、廣告等獲取流量的傳統方式之後，這一章將針對移動互聯網的特色引流方式「裂變」展開闡述。

先講一個剛剛發生的故事。我所操盤的 luckin coffee 行銷第一仗最近啟動了。雖然這是一杯典型的網路新零售咖啡（App 下單，可自提、可外賣，高品質咖啡），但由於獲客第一步是 App 下載，推廣難度還是不小的。你想想，誰會為了喝一杯咖啡，願意下一個十多兆的 App？

之前內部討論時，luckin coffee 的 CEO 問我：「你認為最重要的 App 獲客方式會是什麼？」我毫不猶豫地回答：「裂變拉新。」

是的，相比於傳統廣告的品牌曝光、飽和式投放、內容行銷、公關事件等手段，我心裡清楚，咖啡是一種典型的社交飲品，將大部分廣告費用拿來做為用戶優惠，激發老用戶分享好友拉新，將是最核心的獲客手段。

事實也證明如此。二〇一八年一月五日，我們正式上線拉新贈杯活動，當天新增用戶註冊量環比翻倍，訂單環比成長了四〇%，而且相比於之前精準的微信 LBS 商圈定投，該形式獲客成本大幅度降低（後文有案例分析）。神奇的裂變！

不誇張地說，今天一個企業如果沒有太多預算做廣告並投放到媒體，我不會特別在意，但如果它的 App 或微信中沒有裂變行銷，那是不可接受的。

社群流量：移動互聯網上最重要的免費流量

移動互聯網時代最貴的是什麼？是流量嗎？是，也不是。流量只是結果，移動互聯網時代最貴的是用戶關係和關係鏈。

人是社會中的個體，離不開各種人際交往，而移動互聯網讓這種人際關係變得更緊密、更具交互性。在複雜的人際交往中，資訊的流動構成了源源不斷的流量，這些流量對企業而言就是巨大的、可發掘的金礦。

我們知道，騰訊之所以能夠穩坐互聯網三巨頭之一的位置，靠的不是工具應用的壟斷，而是透過 QQ、微信等社群產品，打通和綁定用戶關係鏈。這種綁定帶來的最大的商業價值，就是不需要透過傳統的廣告和行銷模式去告知使用者，只需要透過充分的「社群挑逗」（我喜歡用這個詞）就能讓用戶追隨朋友的喜好，比如「你的朋友正在幹麼，你要不要跟他一起來？」進而去接受一個新鮮產品（想想很多人是怎麼開始玩《王者榮耀》的）。

關係鏈成本是鎖定用戶行為和忠誠度的一個指標，如果沒有社群關係的綁定，很多功能強大的產品就很容易被使用者放棄，而注入了社群因素的產品，使用頻率會明顯增多，口碑推薦會提高用戶信任，消費購買完畢朋友間還可以相互比較。而當使用者要放棄產品時，也要慎重考慮脫離圈子的影響。你可以很輕易地離開一間書店或商場，卻很難輕易地離開一個朋友和一個朋友圈。

社群關係鏈是任何企業、任何產品在移動互聯網上最強大的護城河。**低成本社群流量的獲取關鍵就在於社群關係鏈的打通**。企業要想辦法持續輸出內容來刺激使用者，使其從用戶轉為「粉絲」，再主動將企業的品牌或產品資訊傳播出去，成為企業在移動互聯網時代網狀使用者結構中的重要連接點。

前述就是裂變的理論基礎。

今天的企業，一定要善於借助社群平台（微信公眾號、微信群、朋友圈）的力量，在內容和福利的驅動下，觸發用戶身邊的連接點，進而將用戶的整個關係網絡打通。當企業自有用戶流量達到一定量級時，裂變的效果也就噴薄欲出。

AARRR：從拉新到裂變

AARRR是近幾年興起的成長駭客中提到的App營運成長模型。AARRR分別是指：獲取用戶（acquisition）、提高活躍度（activation）、提高留存率（retention）、收入獲取變現（revenue）、自傳播（refer）。

AARRR模型不僅適用於App，企業在行銷的過程中也可以按照這五步來檢驗行銷效果。

第一步　獲取用戶

獲取用戶是經營的第一步，所有企業建立品牌、推廣、行銷的目的都是獲客拉新。

圖 4-1　App 推廣營運的 AARRR 模式

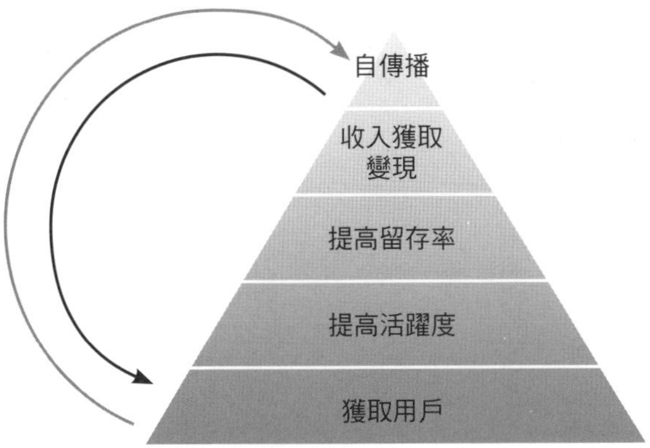

第二步　提高活躍度

很多使用者第一次使用產品的場景其實很被動。有些品牌，用戶可能只用一次就離開了，那麼這個使用者就沒有成為產品真正的使用者。究其原因，有可能是註冊流程太煩瑣，或者產品功能同質化，或者產品沒有達到使用者的期望值而且不能滿足其需求，抑或第一次使用完全是利益驅動。

種種原因都能影響到用戶後續的體驗和消費。但顯而易見地，一個用戶在App中的活躍頻率，決定了該使用者是否是此產品的真正使用者。所以企業要透過經營或有趣的行銷手段，快速提高用戶的消費頻率，將初次用戶轉化成忠實用戶。

第三步　提高留存率

「用戶來得快，走得也快」，是企業產品面臨的另一大難題。在當下，一個產品獲客一百人能夠留存一〇％就已經很厲害了，如果能留存二、三十人，那就是「爆品」[1]。使用者來了之後，用完你的產品就走了，這是一個很不好的現象，證明你的產品使用者體驗不太好。更糟糕的情況，你的產品教育了市場，說明用戶知道了市場還有你這樣的產品，一旦他們發現更好的競爭對手的產品，就會投奔到競爭對手那兒，等於你幫競爭對手打了廣告。

第四步 收入獲取變現

變現是產品最核心的部分，也是企業最關心的部分。

有些互聯網產品前期採用優惠策略，獲取收入很少，甚至無收入（比如共用單車）。產品本身就能獲取一些收入，讓企業盈利為正，這是企業希望達到的理想狀態。而收入直接或間接來自用戶，所以前三個步驟是應用獲取收入的基礎，只有付費用戶多了，或者優惠減少，收入才可能實現規模化正向盈利。

第五步 自傳播

自傳播這一環節在社群網路興起的當下至關重要。如果用戶覺得好玩、有趣，或者有利益驅動，就會自發性地將產品分享到社群媒體中。然後透過老使用者找新使用者，產品獲得更大的擴散。**自傳播也就是產品的流量裂變**。

自傳播的核心是產品本身是否真正滿足了用戶的需求且產生了價值。從自傳播到獲取新使用者，產品形成了一個螺旋式的上升軌道，用戶群體可能會產生爆發式的成長。

1 爆品不僅會有持續的熱銷，還會受到消費者一直的追捧，更是企業的主打商品，可以為企業創造更多利潤的產品。

可以看出，在AARRR模型中，獲取使用者就是流量入口，提高活躍度就是驚喜時刻，提高留存率就是產品價值，收入獲取變現是單位價值，而自傳播就是放大傳播效應。

從前述行銷的角度來解讀AARRR模型，我認為有三點尤其重要。

1.獲得第一批種子用戶。只有有了第一批用戶，才可能完成後續其他行為。尤其是本章推薦的裂變行銷，其實質是用老用戶帶新用戶，所以第一批用戶非常關鍵，是行銷的基礎。

2.提高留存率。想要提高留存率，在網路行銷中可以不斷試驗，這是成長駭客和傳統市場行銷的本質區別。成長駭客提出的A／B測試、MVT（最小化測試）都是為了提高留存轉化率。當然社交關係鏈也是提高留存率的重要手段。

例如：Facebook早期發現用戶流失非常嚴重，為了避免用戶流失進一步擴大，Facebook在登出流程後面新增了一個頁面。當使用者要離開的時候，系統會讀出好友清單中互動最親密的五個人，詢問：「你真的確定要離開嗎？」很多本來要註銷的用戶擔心再也見不到這些朋友，看不到他們的狀態，心一軟就留下了。這個頁面上線後，在沒花一分錢的情況下，一年之內為Facebook減少了二％的損失，留下了三百萬用戶。

3.裂變，也就是老用戶如何透過技術手段，將應用產品病毒式推薦給新使用者。這是本章講述的重點。

成長駭客會取代市場總監嗎？

由於裂變型成長更多地採用技術和資料來驅動，也讓成長駭客的概念在近兩年很流行。有必要在這裡做一個知識補充。

成長駭客的概念最早起源於美國矽谷。二〇一〇年，西恩·艾利斯（Sean Ellis）在自己的博客上首次提出了「成長駭客」的概念，他也被稱為「成長駭客之父」。西恩對成長駭客有一個有趣的定義：成長駭客的唯一使命就是成長，因為公司的估值是與成長息息相關的，成長是所有公司的核心指針。**在「技術控」眼裡，品牌、創意、媒介、公關等這些傳統市場手段是效率並不高的成長方式，甚至需要被成長駭客所取代**。

近幾年，成長駭客這個概念從美國延伸到中國，並且在國內十分火熱，很大一個原因在於現今中國公司獲取流量的壓力太大，同時市場遇冷，導致競爭增強，傳統行銷方式收效甚微。每個企業都希望在各個環節提升效率，而不論是工程效率、金錢效率還是用戶獲取效率，成長駭客都能帶來低成本、快速的提高。

同時越來越多的企業不僅僅關注獲客，也開始關注用戶的整個生命週期，開始透過資料驅動的方法，不斷地對產品進行反覆運算，這些都是導致成長可能成為新一代行銷命題的重要原因。

二〇一七年三月，可口可樂宣布取消設立二十四年之久的ＣＭＯ一職，取而代之的是一個新角色——首席成長長（Chief Growth Officer，ＣＧＯ）。可口可樂的整體戰略也向「以成長為導向，以消費者為中心」持續轉型。

增設首席成長長並非可口可樂一家公司的特例。高露潔、億滋等快消品巨頭都聘請了首席成長長，以實現品牌的快速成長，提升成長在品牌戰略中的地位。

這一現象的背後，帶來的一個明顯趨勢是 AdTech 和 MarTech 的對決。

AdTech 從字面上理解，就是把廣告和品牌內容送達消費者的技術和手段。在 AdTech 中，付費媒介、網頁廣告、ＳＥＭ付費搜索、原生廣告、程式化購買、ＤＳＰ等都是經常使用的方式。

MarTech 主要是指利用即時服務、優化消費者體驗流程、優化顧客轉化技術等技術手段，借助大資料標籤、客戶關係管理、行銷自動化等管理系統而實現的技術化行銷。

AdTech 比較像行銷人員的「外功」，有預算和出街創意就能實現；而 MarTech 更像「內功」，可以為企業數位化轉型和商業轉型提供整體解決方案。

現實情況是，MarTech 在成長驅動和獲客成本上明顯要優於 AdTech，也越來越成為企業的核心成長手段。

我曾參加中國一家數據分析公司GrowingIO的成長大會，身為行銷人，在場下聽到一幫程式師在台上的用詞，居然也有「創意」、「熱點」、「事件行銷」、「自媒體」等，確實很有感慨。駭客成長與行銷的邊界正在模糊，甚至對傳統的行銷觀念正產生巨大的衝擊。

但在這樣的趨勢下，回到我們最開始的問題：成長駭客真的會取代市場總監嗎？

我的答案是：不會代替，但會融合。新一代市場總監一定要突破原有的行銷知識弱點，掌握更多的產品、技術、資料等驅動成長手段，而成長駭客也會成為企業市場核心組織，成為與傳統品牌、外部廣告等共同存在的「三極」之一。

初創公司沒有龐大資金來選擇優質的推廣管道和首要內容合作，在這樣的情況下可依靠大資料驅動和成長駭客，使之成為助力成長機制。

成熟品牌雖然有了市占率和大批忠誠用戶，但仍將面對持續成長的難題。用市場團隊補充成長駭客團隊，透過技術和資料的方式，來指導行銷廣告、創意、投放，也很有必要。

我們看到，無論是傳統市場部門還是成長駭客技術部門，**企業要想實現流量獲取和變現，就必須從自身流量出發尋找控制變數的方法，以存量找增量，以精細化營運獲取更多的成長結果，是必然的趨勢。**

接下來講到的裂變行銷，就是市場行銷與成長駭客結合的最典型行銷手段。

裂變行銷：用一個老用戶找來五個新用戶

裂變是什麼？

《道德經》：「道生一，一生二，二生三，三生萬物。」指的是萬物生長的裂變過程。而裂變行銷，也是這個含義。從營運的角度，裂變行銷也符合AARRR模型，是其中的最後一環——自傳播。

傳播個體透過社群分享（獎勵、福利、趣味內容等），載明企業進行拉新營運，以達到一個

圖 4-2　裂變行銷如何實現裂變

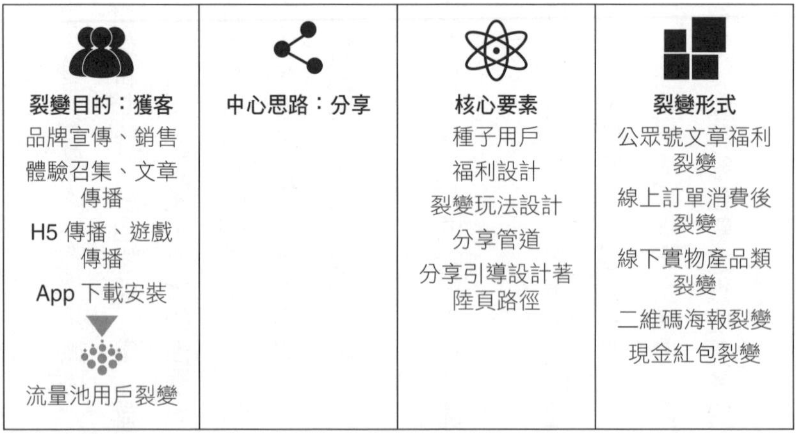

裂變目的：獲客	中心思路：分享	核心要素	裂變形式
品牌宣傳、銷售體驗召集、文章傳播 H5 傳播、遊戲傳播 App 下載安裝 ▼ 流量池用戶裂變		種子用戶 福利設計 裂變玩法設計 分享管道 分享引導設計著陸頁路徑	公眾號文章福利裂變 線上訂單消費後裂變 線下實物產品類裂變 二維碼海報裂變 現金紅包裂變

老用戶帶來多個新使用者的成長目標。

在裂變行銷中，最想實現的結果只有一個——最低成本、最大限度的獲客成長。雖然傳統的市場行銷人員也會關注成長，但和我們強調利用成長駭客的技術手段實現的成長有著本質區別，即是否能在「去廣告化」的情況下實現獲客。

眾所周知，在社群媒體發展不完全的時代，企業要想獲得市場聲量，最主要的手段就是打廣告。廣告的成本有兩部分：第一，創意製作成本；第二，媒體投放成本。絕大多數情況下，企業在制定創意策略和投放策略時，憑藉的仍然是市場行銷團隊的經驗。這種對團隊經驗的依賴，讓創意和投放都可能是一錘子買賣，試錯能力差，失敗成本高，令企業的獲客成長存在著很大的不確定性。

與之不同的是，我們強調用成長駭客的技術手段實現的裂變行銷，會大大降低廣告的不確定性。

與傳統行銷相比，裂變行銷的不同之處有兩點。

1. 強調分享。即必須透過老用戶的分享行為帶來新用戶。這樣成本最低、獲客最廣。

在微信、微博等社交 App 誕生並且成為主流應用後，分享平台和技術手段已經不是障礙，如何讓用戶分享才是關鍵，而福利設計和裂變創意是主要解決手段。

2. 後付獎勵。將原來事前拉新獲客的廣告費用，分解成老用戶推薦的獎勵費用與新用戶註冊的獎勵費用，即：

廣告成本＝老用戶拉新獎勵＋新用戶註冊獎勵

而這些獎勵基本都採取後付模式，使用者只有註冊或完成行為之後才能獲得獎勵，進而降低了企業的廣告投放風險。

根據以上兩點，成長駭客的主要任務就是以資料驅動行銷決策，在維持住企業原有用戶使用習慣、活躍度的同時，透過技術手段反覆測試以提高分享率，並不斷對新生用戶產生刺激，將廣告費用獎勵給使用者，貫徹成長目標，為企業帶來利潤。

這種革命性的行銷思維有很多優點：

1. 不斷更新，快速試錯，找出用戶活躍度的關鍵點，提升分享率。
2. 使用技術手段，減少創意成本，降低廣告投放成本。

3. 把廣告費獎勵給客戶，刺激使用者更廣泛地分享。

總之，透過技術實現的裂變成長，對於很多**高頻低客單價**的行業來說，是一種CP值非常高的拉新推廣手段。如果配合精準的裂變通路，其拉新成本會大大低於傳統拉新成本。還要再補充的是，這種拉新流量是基於社交信任關係，其轉化率和留存率也超出傳統拉新管道很多。

二〇一七年是肯德基進入中國三十週年，他們做了一個「經典美味價格回歸一九八七年」的活動，即把兩款經典產品調整回三十年前的價格，回饋用戶。參與者只需要透過微信或者官方App成為肯德基會員，在餐廳內憑券即可購買一份二．五人民幣的吮指原味雞和一份〇．八人民幣的馬鈴薯泥。

這個活動本身並沒有多少新意，但創新的是廣告推廣方式：採用裂變手段，透過品牌自身媒體（微信公眾號、官方App、支付寶平台）發放優惠券，在限定時間內僅供會員使用。由於會員數量巨大，又是透過社交平台分享，活動推出三十六小時後微信指數即突破一千萬。整個活動期間，社群媒體的總體聲量超過九千一百萬。

當然這只是一個初級裂變案例，主動誘發分享的基因還不夠強烈。接下來我們會用大量詳細案例來剖析各類裂變技巧。

裂變技巧一：App 裂變

我們首先說的是 App 裂變。

App 裂變的玩法主要包括拉新獎勵、裂變紅包、IP 裂變、儲值裂變、個體福利裂變、團購裂變六種形式。

方式一：拉新獎勵

用老客戶帶來新客戶，是流量裂變的本質。福利刺激、趣味吸引、價值共鳴都是常用的手段，但見效最快的仍然是拉新獎勵。

拉新獎勵，就是企業確定老用戶帶來新用戶給予雙方的獎勵政策，這一般是 App 標準配備的裂變玩法。神州專車的新增使用者中，靠這個方式帶來的新使用者至少占七〇％。

神州專車在App頁面長期設有「邀請有禮」活動。活動機制很簡單，邀請一個好友，好友註冊並首乘之後，神州就會送給老用戶三張二十人民幣的專車券做為獎勵，多邀多得。這樣就能激發老用戶的參與度，自發為品牌尋找新使用者，加速使用者數量的整體成長，也能為企業品牌獲得在朋友圈中長期露出的宣傳。

這種利益的驅動雖然沒有什麼創意，只是純粹基於技術裂變的拉新手段，但是這個手段卻能為企業帶來持久、有效的轉化效果。

方式二：裂變紅包

裂變紅包屬於群體性裂變形式，很常見，操作也很簡單。用戶在結束一次消費行為之後，收到的紅包可以分享給好友。這個紅包可以被多次分享，也可以自己領取。

不論是從利益的角度還是內容炫耀的層面來看，這種裂變紅包都是用戶願意分享的，可以讓更多的人在得到優惠的同時為產品和品牌自發宣傳。美團、餓了嗎等很多App都會使用這種裂變紅包。裂變紅包的裂變規則是裂變系統的關鍵，也是裂變真正能夠發生的關鍵。要根據使用者的興趣、習慣和企業投入產出比來制定出最合理的規則，才能將裂變玩出色。

其主要的玩法包括：分享可得規則玩法、二級複利規則玩法（後文會講到）、集卡可得規則玩法（如支付寶春節集五福），以及註冊、下載、購買可得福袋規則玩法等。

社交咖啡連咖啡（Coffee Box）的福袋分享就是訂單生成後紅包裂變的一種。

連咖啡利用福利豐富的滿額折價券、優惠券、咖啡兌換券、連豆積分等形式，大力度的福利政策（每次購買分享的福袋分享後可由二十人領取，其中包含四張免費咖啡券，且根據使用者微信ＩＤ基本都會給到未註冊使用者，進而實現拉新）幾乎保證了一〇〇%的分享率，神祕人領券也對分享的可玩性有所提升。這種大力度的福利核銷，比較適用於前期快速累積種子用戶，在相對短的時間裡形成口碑熱度。

裂變紅包基本也是App的標配玩法，但是隨著各商家都高度同質化，創意欠缺精美，福利優惠越來越少（比如團購App的優惠券從幾元降到幾分），導致越來越多的用戶開始審美疲勞，不太願意分享裂變紅包。

因此企業需要透過一些方式進行改進，讓紅包變得既有趣又好玩。

神州專車的「花式發券」，就把裂變紅包與ＢＤ部門的ＩＰ資源結合起來做，將普通裂變紅包改進成「**裂變＋ＩＰ**」的玩法。

方式三：ＩＰ裂變

ＩＰ裂變是裂變紅包的升級玩法。

以神州為例，他們透過流量合作換取到大量免費影視ＩＰ資源，比如ＩＭＡＸ全球頂級電影的免費宣傳播放資源、愛奇藝的熱門影視劇新片資源等。然後用影視海報、明星形象等設計裂變紅包的分享頁面，讓使用者把紅包分享出去的時候更像是在分享一個近期有趣的影視內容，降低了領優惠的目的性。

我印象中，在神州專車長期的ＩＰ裂變中，電影《鬼吹燈之尋龍訣》的裂變效果做得最好，紅包使用了舒淇的形象裂變——摸金校尉「舒淇送你專車券」。

僅憑這一次裂變，神州專車就收穫了近四十萬新增用戶。在整個推廣過程中，其實也沒有太多複雜的創意。很多人就是因為喜歡看《鬼吹燈之尋龍訣》這部電影，看到「舒淇送你專車券」紅包頁面，覺得設計得很精美，創意還不錯，又能領取優惠，就分享到了朋友圈。在朋友圈裡的人，如果看過這部電影或對這部電影感興趣，就會自發分享領券，然後下載專車App使用。

在整個裂變過程中，分享、下載、轉化的效果要遠遠高於純創意性的內容傳播，這就是「技術＋創意」的裂變形式。

韓國電視劇《太陽的後裔》熱播時，神州還拿到了海報授權，迅速上線了宋仲基和宋慧喬的ＩＰ裂變，效果也非常好，分享次數比日常增加了四〇％以上。

透過ＩＰ裂變紅包，神州專車在高峰時期每天有超過七萬次的分享，能帶來兩萬到三萬的新增註冊用戶。在新用戶註冊之後，神州會透過觸發簡訊再發送邀請提醒，加速最終的行銷轉化。

方式四：儲值裂變

儲值裂變其實是信用卡主副卡概念的一種行動端玩法，目的不僅是老使用者拉新，還能提高用戶消費頻次。

神州專車的親情帳戶就是一個很好的例子。

二〇一六年，神州專車做了多次大力度充返活動，激發用戶在專車帳戶中的充值行為，但是用戶自己的乘坐次數畢竟是有限的，帳戶儲值額很高。為了鼓勵用戶更多乘坐，提速儲值消耗，神州開創了一種新型裂變——親情帳戶。

這是類似信用卡主副卡、淘寶親密付的程式，主使用者只要綁定家人、朋友的手機號碼，對方就可以使用主用戶的帳戶叫車、支付，同時在個人允許下，主用戶可以掌握家人和朋友的行程安全。當然被綁定手機號碼的家人、朋友需要下載專車 App，才能使用親情帳戶，這樣也能增加 App 下載量。

這款產品一上線，就收到了爆炸式的效果。

神州只選用了微信公眾號和 App 內部告知兩種傳播管道，就在十天內增加了一百一十八萬新人民幣用戶。如果按照一個訂單成本的價格是八十人民幣計算，這次行銷至少為企業節省了千萬的傳播成本。除了帶動新使用者成長外，產品上線後首月累計安全行程達到了一千一百二十萬公里，整體帳戶消耗超過兩千萬人民幣，遠遠超出了之前的規劃目標。

更有趣的，由於家人、朋友的行程資訊可以發給主帳戶，所以這款產品使使用者全家人都對神州的安全定位比較認同。比如，某用戶曾在新浪微博上貼出截圖，說自己的父親不斷催促自己給神州充值，因為親情帳戶餘額不夠讓他父親的出行感覺「很不爽」。

方式五：個體福利裂變

除了一對多的裂變紅包，個體福利裂變也會被用到，適合於單次體驗成本較高的產品，尤其是虛擬產品（比如線上課程、教育產品、遊戲等）。

在「喜馬拉雅FM」中有很多付費課程，為了讓更多的用戶使用，很多付費課程都設有「分享免費聽」，就是原本付費才能聽的節目，只要分享到朋友圈就可以免費收聽，並且長期有效。

這個功能的設置，一方面給直接用戶帶來了真實的福利，另一方面透過裂變分享觸達了更多潛在用戶。

前述都屬於內容上的裂變。企業不用花太多的錢，透過給用戶一些小福利、小優惠，提供給用戶一次試用的機會，就能帶來拉新效果。

方式六：團購裂變

拼多多App的團購裂變也創造了流量和銷售額奇蹟，值得研究。（圖4-3）

拼多多是一家成立於二〇一五年、專注於C2B（消費者個人到商家的交易方式）拼團（或稱揪團）的協力廠商社群電商平台。使用者透過發起拼團，借助社群網路平台可以和自己身邊的人以更低的價格購買到優質商品。

雖然拼團模式在電商中並不是新鮮的玩法，但是拼多多卻在「社群＋電商」模式下深挖，將兩者有機融為一體，取得上線未滿一年單日成交額突破一千萬人民幣、付費用戶突破兩千萬的優異成績。

讓用戶「**透過分享獲得讓利**」是拼多多營運的基本原理。其優點在於每一個使用者都是流量中心（需要使用者自發帶著親友參團），而對於平台和入駐商家而言，每一次的流量分發也能帶來更為精準的目標群眾（參團的用戶都是有自助購買意向、強烈購買需求的用戶）。這樣能刺激用戶的活躍度，提高黏著度，也能引出更高的回購率、轉化率和留存率。

可以看到主動用戶在看到平台的低價、福利刺激後，付款開團並分享至社交平台（微信為首要平台）；被動使用者在看到分享連結後，被「便宜」和「有用」兩大訴求

圖 4-3　拼多多的拼團流程

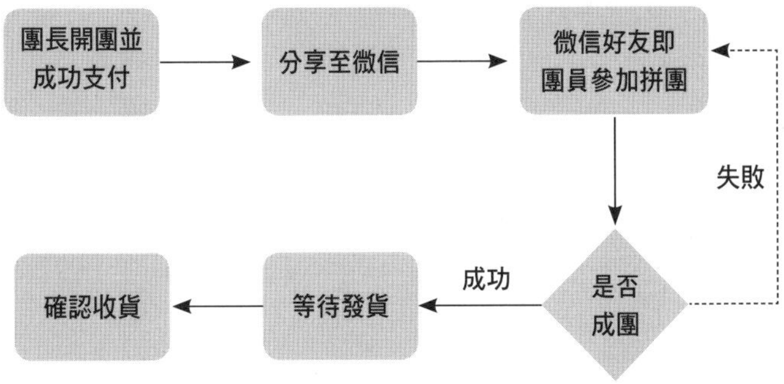

刺激，進而完成購買及再次分享。由此，在二級用戶基礎上不斷裂變直至拼團成功。

相比於傳統發起團購的互不相識，基於行動端的熟人社群成為拼多多的模式核心。用戶在拼單的過程中，為了自身利益（只有達到拼單人數才能成功開團）會自覺地去幫助推廣，借助微信完成病毒式傳播。這種「客大欺店」的效果，讓買家和賣家雙雙獲利，是裂變行銷的又一種創新。

裂變技巧二：微信裂變

日活躍用戶超過九億的微信，是企業免費獲取社群流量最快捷的平台。我們每個人手機裡最不會刪除的應用就是微信。所以基於微信的裂變是行銷的重頭戲。

企業可以利用對微信圖文的技術福利改造、對Ｈ５的技術福利改造，讓用戶每次分享微信圖文或者Ｈ５時都會獲得一定的福利刺激，比如代金券，甚至直接獲得現金紅包，讓用戶受到利益驅動，主動分享甚至邀請朋友分享，讓身邊的人都能獲得福利。

同時我們可以將這種福利規則設計成複利模式，就是使用者將圖文或者Ｈ５分享給好友之後，好友再分享給他的好友（也就是二次分享之後），你還會獲得額外的二級福利。你分享的活躍好友越多，你獲得的二級福利就會越多，這樣用戶就會變成你的兼職推廣員（但要注意分銷層級，超過二級以上會被定義為傳銷，會被微信平台封殺）。

這樣的推廣效果是傳統廣告完全不能比肩的，而且成本也要遠遠低於傳統品牌推廣方式。透過朋友圈的口碑力量，企業和品牌獲得的美譽度會更高。

企業還可以對裂變素材進行創意改造，符合裂變的內容需求，具備社群裂變的內容屬性，這樣在福利刺激和技術的支援下，可以取得事半功倍的效果。

常見的微信裂變形式有四種：**分銷裂變**、**眾籌裂變**、**微信卡券和微信禮品卡**。

方式一：分銷裂變

分銷裂變利用直銷的二級複利機制，借助物質刺激實現裂變。裂變的路徑一般只設置兩個層級，只要推薦的好友，或者好友推薦的好友，有了投資，推薦人都會獲得一定比例的收益。這對專業的推薦人來講，激勵作用會很大。

其中最常見、最簡單的形式就是微信的裂變海報。「一張海報＋一個二維碼」，透過社群媒體生成自己專屬的海報。

神州專車「U＋優駕開放平台招募司機」，就是一個節省了千萬人民幣招聘費用的裂變案例。（圖4-4）

神州當時希望招聘兩萬名私家車司機，但是推廣預算很少，如果透過人力資源部門和勞務公司，基本上一個司機需要支付三百人民幣左右的招聘成本。

於是神州就嘗試使用了裂變海報的方式。

在推廣時，神州先讓現有司機生成一張個人專屬海報，再讓現有司機把海報發至朋友圈和自己的各類好友群（很多司機的好友也是兼職司機）。其他司機好友透過該司機海報上的二維碼進入並註冊，在接單十次以後，原分享司機就能獲得一百人民幣拉新獎金，而他的司機好友也能獲得接單獎勵。

神州開通了「優駕開放平台」公眾號，裂變海報技術做好之後開始推廣。發布的第一天，神州把海報投放進了大量司機微信群。司機是第一批種子用戶，神州鼓勵他們發展下線。

結果出奇得好！神州當天就生成了超過三萬張海報，很多司機積極回應，都想當上線，所以馬上關注了平台的微信，並且自發在各個司機群裡發放海報。

圖 4-4
掃描 QR Code 觀看神州專車「U+ 優駕開放平台招募司機」

最終，一週內分享生成八萬多張海報，獲得了超過十萬名司機報名。按照人均三百人民幣的招聘費用來算，此次裂變推廣最終節約招聘費用近一千萬人民幣。

除了完成招聘任務，神州還多了一個驚喜，「優駕開放平台」一週內微信「粉絲」突破二十萬，而且基本都是私家車司機。之後他們的每篇微信主圖都能輕鬆過萬。

這種垂直微信帳號一週做到二十萬真實「粉絲」的，在我的個案印象中都非常少見。

當然這種複利分銷要十分注意「誘導分享」被微信平台封鎖的問題（因涉嫌傳銷模式，騰訊就封殺了社交行銷品牌「小黑裙」）。頁面上不能展現任何分享有福利的描述，否則會被定義為「誘導分享」，只能在種子用戶或群眾傳播。現金紅包必須用技術手段控制，不然會有紅包被洗劫的風險。

方式二：眾籌裂變

眾籌裂變其實更多的是借助福利的外在形式，利用朋友之間的情緒認同產生的自傳播。眾籌裂變的核心是優惠，但是優惠只是表象，品牌在朋友圈中的人氣、能動用的社群力量，才是眾籌裂變的趣味所在。

神州買買車就做過一個砍半價車的H5推廣。活動機制是使用者需要關注官方微信方能砍價，每個人都能砍價一次，金額在〇．一至一百人民幣之間隨機選擇。砍價之後會隨機出流量、積分等大禮包，使用者需要留存資訊後方可領取。分享此活動頁面至朋友圈，可額外獲得一次砍價機會，分享後再次砍價。

活動上線的第一期，神州買買車官方微信增「粉」兩萬多人，單「粉」成本僅為〇．七五人民幣，遠遠低於日常活動增「粉」成本（一般為人民幣兩元左右）。

方式三：微信卡券

卡券功能是微信卡包的核心內容，企業可以透過公眾號、二維碼、搖一搖電視、搖一搖周邊等管道進行卡券的投放，可以有效地提升商戶到店顧客數量，實現線上發券、線下消費的O2O閉環。卡券功能主要適用於有線下實體店的企業進行行銷。

「朋友共用優惠券」是卡券功能的亮點之一，真正打通了微信的關係鏈。用戶無論是透過線上還是線下管道獲得了商家的優惠券，都可以自動分享給朋友，等於一次幫所有的朋友領取了優惠券。由於不同的人對不同商家和功能的卡券需求不一樣，微信「朋友的優惠券」實現了卡券的整合優化，同時實現了裂變。

方式四：微信禮品卡

不同於卡券，微信禮品卡是微信限制放開的一個功能，主要特點是使用者可以購買電子禮品卡，購買商品並贈送好友。其最大的亮點就是形式接近微信紅包，觀感舒服，容易激發用戶的購贈行為。

經典案例就是星巴克的「用星說」。

「用星說」是星巴克和微信合作的全新社群禮品體驗，於二〇一七年二月十日上線。用戶可以線上購買單杯咖啡兌換卡或「星禮卡」（儲值卡）贈送給微信好友，並在贈送頁面上用文字、圖片、影片留下對好友的專屬祝福。

星巴克的「用星說」其實可以理解成一種類似於微信紅包使用體驗的數位化咖啡券。就像在微信的聊天介面中給朋友發送紅包一樣，使用者只要在兩個人對話時把禮品卡發送給朋友就可以。

對於很多快消或零售品牌而言，「微信禮品卡」這種新玩法包括了社群和消費兩大核心元素，為企業帶來了更多裂變的可能。

裂變技巧三：線下裂變

裂變主要是在線上發生，由於擁有十分龐大的社群關係鏈，以及便捷的分享方式（點擊—分享），所以在裂變的實現上會更為容易，但這並不代表線下產品無法完成裂變。

其實有很多線下的裂變形式我們都非常熟悉，比如：小浣熊乾脆麵的集卡、飲料瓶蓋上的「再來一瓶」……這些都是傳統產品用來獲客拉新的手段。而互聯網的開放環境，尤其是移動互聯網的便捷性，在傳播速度的同時，讓裂變行銷有了更適宜的土壤環境。只要行銷手段使用得當，有趣、自帶話題性質、可分享、能獲利的產品完全可以實現從線上到線下的轉化。以線下為主的行銷行為，如果不能透過O2O把流量導到線上，並透過社群媒體分享，那麼很難叫線下裂變。

利益、趣味、價值，永遠是行銷裂變的核心驅動力。只有讓使用者獲利，才能讓產品自帶廣告效果，才有可能實現增值。

傳統產品的線下裂變有以下幾種方法。

方法一：包裝裂變

包裝是產品面對使用者的直接接觸點，所以包裝是傳統產品產生流量裂變的第一傳播途徑。企業可以對產品包裝進行含有利益、趣味的設計，最終達到傳播且銷售成長的效果。

味全每日C「拼字瓶」

之前味全果汁的包裝一直強調「成分」、「高品質」等行銷語言，尤其是二十到三十歲的年輕消費者對這樣的包裝並不感興趣。味全每日C在很多人眼中成了有年代感的品牌。

二〇一六年，味全每日C果汁更換了全新的包裝，並將這一系列包裝命名為「拼字瓶」。一共七種口味的果汁，每種口味配六款不同漢字的包裝，一共四十二款。

很多網友喜歡把這些瓶子擺出各種好玩的句子，甚至很多年輕網友把去超市買味全果汁「居中—擺瓶子—拍照—上傳社群媒體」，當成一種新時尚。對於味全果汁來說，這樣一次沒有花費太多成本的主題行銷戰，帶來的則是透過裂變行銷的高轉化效果。

根據味全提供的資料來看，二〇一六年，味全每日C每個月的營業額都同比成長四〇%，市占率從七月到十月一直保持中國純果汁品類第一。

味全每日C的「拼字瓶」和可口可樂的「歌詞瓶」、「暱稱瓶」一樣，都屬於在產品包裝設計上進行簡單改造，讓產品具備了互動屬性的裂變行銷手段。

椰樹牌椰汁的「電線杆」包裝

還有一些產品在包裝上自帶話題屬性，比如椰樹牌椰汁始終堅持低端淳樸的包裝設計，反而引發了網友的自主討論。

堅持二十年淳樸風格的「椰樹」在二〇一七年更換了包裝。新包裝依然不浪費任何一個角落，用大紅、大黃、大藍、大黑的色塊堆上了全部關鍵字。「特產」、「正宗」、「鮮榨」、「不加香精」……讓瓶體包裝像一個貼滿了小廣告的電線杆，更有一種移動彈幕的感覺。

但就是這種接地氣的包裝風格，令網友一時興起製作了一個椰樹椰汁範本生成器，引發了眾微博大V的跟風傳播。

椰樹雖然在包裝上具備了話題裂變的可能性，但很大限度上只是網友自發性的跟風傳播，並不一定會達到銷量轉化的效果。

方法二：O2O 積分或現金紅包

利用積分或紅包的形式，修改產品素材的玩法形式，達成線下線上的聯動，也是線下實物產品類裂變的一種可行方式。

比如青島啤酒曾年投入人民幣兩億元行銷費用實現一瓶一碼，開瓶後掃碼就可領取活動現金，透過這一裂變形式實現了銷量暴增。

青島啤酒的這一案例其實是一個針對目標獎勵人群，合理利用其「種子用戶」達成銷售的經典案例。

它針對的種子用戶人群並不是它的使用消費人群，而是銷售啤酒的酒促小姐。掃碼返獎可能會讓真正的消費者產生興趣，但不會有巨大的吸引力。而啤酒的銷售量很大限度上取決於酒促小姐願意推廣哪款啤酒，自然而然，酒促小姐就成了推廣裂變最重要的種子用戶。

線下包裝裂變的案例還有很多，比如我們經常會在包裝袋中看到一些小卡片，上面寫著「掃碼有驚喜」、「碼上掃紅包」之類的福利誘導。身為使用者，我們每次看到這樣的小卡片都會丟掉，誰會真的去掃呢？但其實各種線下線上通路銷售的快消品的投放量一般非常大，所以掃碼的絕對數量也是驚人的。

洽洽瓜子曾做過一個「一袋一碼」的活動，其產品的市場投放量達到一·五億袋，假設一·五億袋投放量中只有一％的掃碼率，那也是一百五十萬的用戶流量累積！如果將一·五億袋的福利費用轉化成廣告投放費，未必能獲得這麼快速且大量的使用者累積和產品回購。

除了產品包裝現金紅包的裂變形式外，還有一種透過「積分集卡」形式實現的裂變。

二〇一七年七月七日，ofo推出「全城蒐集小黃人」活動。七月七日至七月十四日，騎小黃車集小黃人卡，集齊五種贏七十七‧七七人民幣現金。

規則顯示，ofo使用者只要完成一次距離超過兩百公尺且時間超過兩分鐘的有效騎行，即可獲得小黃人卡一張；每位用戶僅限每天的前三次騎行可以獲得小黃人卡。如果手裡蒐集的小黃人卡有重合的樣式，則可以與好友互換卡片，就能獲取不同種類的小黃人卡。在這一時間段內，只要集齊五種小黃人卡即可兌換七十七‧七七人民幣的現金紅包，並可以直接提現。

這一活動充分調動了用戶使用ofo的熱情，是ofo牽手小黃人之後的一次經典行銷案例。

方式三：產品設計的社群化

線下裂變需要完成線下到線上的分享，才能實現真正意義上的流量爆發。但是如果線下產品可以透過自身滿足使用者社交欲望的改造，具備「分享」和「社交」兩個基本功能，產品本身就能實現社群裂變，也不失為一種有效的方式。

可口可樂在社群化產品上打造的瓶蓋系列堪稱經典。

用瓶蓋打電話

杜拜有大量來自東南亞國家的勞工，對於背井離鄉的他們來說，能在勞累過後給家人打一通電話是每天最幸福的事，但是每分鐘〇．九一美元的通話費實在過於奢侈。於是可口可樂設計了一個電話亭，只要投入一個可口可樂的瓶蓋，就能通話三分鐘。在杜拜一瓶可樂的售價是〇．五美元，相較於電話費划算很多。

校園瓶蓋活動

Friendly Twist 是可口可樂公司二〇一四年五月在哥倫比亞大學新生中所推廣的行銷活動。活動裡的可樂瓶蓋經過特殊處理，有些類似螺帽和螺栓，一個人很難單獨打開，必須找到另一個擁有與之相匹配瓶蓋的人，經過兩人合力才能扭開瓶蓋。透過這次行銷，剛入學的新生在找到合作夥伴一起扭開瓶蓋時，快速適應了新環境，結識了新朋友。

當然**可口可樂瓶蓋行銷雖然展現了傳統產品的裂變手段，可線下裂變活動單從效果來看**

確實更偏品牌，整個行銷過程中並沒有借助互聯網、社群媒體形成大規模的流量裂變效果。

相比之下，OREO音樂盒的裂變效果更讚。

二〇一七年五月十六日，OREO在天貓超級品牌日獨家限量首發了一款可以「邊吃邊聽歌」的黑科技產品，上線僅一上午時間兩萬份限量禮盒便一售而空。

OREO餅乾化身為黑膠唱片，在特質的復古音樂盒裡，接上指標，開始播放音樂。奇妙之處在於被咬過的殘缺的餅乾還可以播放並切換成一首新歌。而且用手機掃描盒子上的二維碼，再掃描包裝插畫，就會進入AR（擴增實境）模式，針對不同音樂播放不同的實景動畫。

在這個案例中，**促成消費者瘋狂轉發的原因，在於符合品牌調性的同時，OREO給消費者提供了一種超出預期的產品體驗。**

第 5 章

如何玩好裂變行銷

這幾年，裂變行銷的確方興未艾。不僅是出行（滴滴、神州）、外賣（美團、餓了嗎）、電商（每日優鮮、拼多多）**App**在大量裂變，洗版朋友圈，甚至微商、遊戲，還有傳統企業也紛紛加入，所謂的「全民行銷」、「公司裂變」等概念也紛紛出來。必須看到，有大量裂變形式並不講原則和方法，已經嚴重變味，甚至破壞了社群朋友圈。

另外，互聯網企業在裂變上的玩法已經千變萬化，而傳統企業在轉型網路平台後，使用裂變的技術搭建創新型的創意玩法可能還比較粗淺。即使從觀念上知道了裂變行銷存量找增量的道理和好處，可還是不知道從何入手，不知道怎樣具體操作。

由於第四章案例已經詳細分析，本章篇幅較短，但主要會討論關於裂變的成功因素，以及企業裂變分銷系統的搭建。另外，我非常推崇的遊戲化會員管理思維，也會補充進來。

從第四章各類裂變案例中可以看出，在裂變的行銷邏輯中，有三個關鍵因素需要一開始就重視：**種子用戶、裂變誘餌和分享趣味**。掌握這三個因素，裂變效果才更有保證。

裂變的三個成功因素

種子用戶的選擇

裂變選擇的種子使用者不等同於產品的初始使用者。

裂變的目的是透過分享的方式獲得新增使用者，所以必須選擇影響力高、活躍度高的忠實使用者做為種子使用者。種子使用者的選擇要盡量和產品調性吻合，影響力要盡可能觸及目標群眾，少而精不是壞事，品質絕對比數量更重要。

在深圳起家、專注於主食沙拉的感性生活方式的「好色派沙拉」，在不到兩年的時間內，透過微信配送、微信社交廣告等方式，突破了二％的行業均值轉化率，達到二〇％，並且成功地把均值百元人民幣的獲客成本拉低五分之一。

好色派沙拉的用戶又被稱為「華南地區最多的馬甲線使用者」，這樣的用戶選擇嚴密吻合其健康輕食的產品特性，所以一開始好色派沙拉的種子用戶就是具有減脂增肌訴求的健身族群。

這個較為小眾的項目，最開始選定的目標族群是從親朋好友開始「殺熟」。以這些人為源頭，做最初的小波推廣和內測，完成第一次對外傳播。

而真正的裂變是在第一批傳播結束後，好色派沙拉開啟的線下小型分享試吃會。十五人的試吃會，實際收穫了一乘十一的傳播效果，活動結束後，後台微信「粉絲」達到了一百七十一人。透過幾場小型分享試吃會，好色派沙拉累積了初期的天使用戶，完成了反覆運算溝通體驗。之後，早期的天使用戶組建了微信社群，透過線上交流把累積持續下去。

適用於裂變行銷選擇的種子使用者必須具備三大特徵：

1. **活躍度高、影響力大的產品使用者。**
2. **種子用戶的品質高於數量。**
3. **種子使用者需要回饋產品建議。**

裂變誘餌的投放

關於裂變誘餌，我們可以簡單理解為「福利優惠」，但並不完全。因為有時好的創意內容、創新情景互換、有趣的玩法都可能成為裂變誘餌。

但需要注意的，除了福利優惠的誘餌之外，利用內容、玩法等手段完成裂變爆發的不確定性較大。

在當前社群媒體豐富、便捷的環境下，廣告的創意成本已經大大降低，但投放成本卻依然居高不下。如果企業願意**把投放廣告的費用分批次回饋用戶，讓用戶養成領取福利的習慣，會讓裂變起到強大的流量轉化作用**。在福利的誘導之下，再加入一些創意做為分享催化，就會更容易撬動用戶的社群關係，產生情感共鳴，進而獲取社群流量。

比如，神州專車經常使用的裂變型 H5，公司內部稱之為「花式發券」。在剛開始培養用戶習慣時，神州會特別地想一些發券的理由（用優質創意催化），或加大專車券的金額（福利誘導），吸引用戶的點擊分享。

神州專車在強化安全品牌定位初期曾做過一個「史上最長加班夜」的 H5。H5 用的是一鏡到底長圖創意，全景俯瞰視角，從女性加班的辦公桌一直延伸到大街上，最後落點在神州專車，強調加班夜市場神州專車的安全性，同時刺激領券消費。（圖 5-1）

神州專車「和吳秀波對視十秒鐘」的 H5，首先是一段和吳

圖 5-1
掃描 QR Code 觀看神州專車「史上最長加班夜」H5

圖 5-2
掃描 QR Code 觀看神州專車「和吳秀波對視 10 秒鐘」H5

秀波對視的影片，之後吳秀波送出神州專車的專車券，用戶輸入手機號碼就能領走吳秀波送出的一百五十人民幣的神州專車券。（圖5-2）

從創意的角度上說，這個H5並不是十分複雜，卻帶來了五十多萬的新增用戶和超過四萬次的微信轉發，這個效果比很多大投入的創意效果都要好很多，也入選微信朋友圈廣告的對外經典案例。

前述是創牌初期，到了品牌中期，用戶已經和神州專車微信公眾號形成了默契，只需要做一些簡單的創意，在推送文章的標題告知今天發放的是×××券（如達康書記專車券、加勒比海盜專車券、哈根達斯專車券……），用戶就會習慣性地點擊文章，進入閱讀原文領券並使用。這種裂變的投放、玩法簡單明瞭，在培養老用戶的閱讀習慣的同時，也提升了活躍度，減少了後期宣傳成本。

分享趣味的滿足

除了利益刺激，裂變本身的趣味性是決定其發酵程度的重要一環。

思考一下，當我們自己要在朋友圈轉發分享一個企業或產品的內容時，這個內容主要滿足了我們哪些趣味點和心理需求呢？

提供互動談資

社交的目的是溝通，社群媒體讓溝通更便捷。如果一個內容能為使用者及其朋友提供共同的話題，那麼不論它是否與商業有關，是否是一個企業的廣告宣傳，相信很多使用者都會很樂意主動分享。

「二〇一六微信公開課 PRO 版」就是很好的一個例證。

二〇一六年一月十日，微信官方開發的一個為微信公開課 PRO 版準備的體驗活動頁面，瞬間引爆了朋友圈。

使用者只要在微信中打開活動分享連結，就能查看到自己是哪天註冊的、發送的第一個朋友圈、第一個微信好友、二〇一五年全年的微信朋友圈數量、紅包發送情況、到過的位置、好友數量、獲讚數量、走路步數等，資料非常全面。

該活動頁面在二〇一六年一月十日當晚造成了強大的洗版，就是因為用戶可以透過這個精準的資料紀錄，與微信好友共同談論在使用微信的這幾年內發生的事情。很多事情可能大家都已經忘記了，但是微信的資料仍然保留著，而且微信選擇在歲末年初的時間段推出這個頁面，也戳中了大家回顧整理過去的心態，並與之產生共鳴。

塑造個人形象

社群媒體的另一大作用，是能夠為普通個體提供展現形象的平台，能夠讓每一個微小的個體發聲。所以在社群平台上，用戶關注自身的活動、塑造個人形象的欲望更為強烈。讓朋友看到「我是一個怎樣的人」是在裂變分享引導設計時必須考慮的心理因素。

我們經常能在朋友圈看到很多人自發地裂變分享一些活動，比如「七日PPT提升營」、「如何炮製文案金句，引爆行銷？」「從行銷到成長，只要這十堂課」、百詞斬課程、咕咚運動、Keep健身等方面，在分享的過程中，用戶會得到一個獲取免費資料的機會；另一方面還能展現用戶在繁忙的工作之餘堅持學習、堅持運動，在心理上讓用戶產生極大的滿足感。

再提供一些類似「打卡機制」的文案，如「我已在×××上堅持健身（或閱讀……）第××天」等，畢竟當下的人們還是很樂於成為「斜槓青年」（擁有多重職業和身分的多元生活族群）的。

這些符合使用者心理的趣味性內容，都可以增加產品的分享率，建議企業市場人員和產品經理，從早期產品設計開始就預設好各類可分享按鈕，滿足使用者的成長、展現、炫耀等心理需求。

遊戲化思維：如何讓老用戶越來越信賴你

在裂變拉新之後，我們需要考慮一下AARRR之後的用戶留存和提頻任務。

「用進廢退」演化論最早由法國生物學家拉馬克（Lamarck）提出，是指生物器官經常使用就會變得發達，不經常使用就會逐漸退化。生物體和自身器官如此，使用者和產品的關係也是如此。

當企業好不容易透過一系列手段獲得新增用戶之後，怎麼讓這些老用戶不成為沉睡用戶，怎麼讓老用戶在App中活躍起來，就是下一個要面對的難題。

定義流失用戶

找到不活躍用戶處在成長的何種階段，分析其流失原因，並分別找到其流失預警指標，擬出不同的解決方案進行預防。同時與核心用戶保持密切聯繫也很重要，跟核心用戶的直接溝通往往能幫助我們更快地找出用戶流失的原因。

推送和活動

消息推送和有吸引力的活動是激發休眠使用者的必要選項，但推送精準度、頻率、時段、品質、著陸頁等都是決定推送效果的重要因素，而且推送的優化應該是永久性的。在推送的時候盡量使用一些能夠迅速引起共鳴的文案，以人格化的語氣和用戶溝通。比如，一些淘寶店，賣萌的、裝傻的話語無所不用其極，讓用戶感覺到文案的背後是一個真實的人，而不是一個冷冰冰的機器。總之，要不斷更換引起用戶的注意。

以活躍用戶帶沉睡用戶

老使用者與活躍使用者的裂變分享是產品宣傳的巨型社群分享流量，也是引導用戶和用戶之間產生聯繫以提升活躍度的高效方案。

利用PBL遊戲化思維，讓用戶自己打怪升級

除了以上常用的方法，我還特別推崇賓州大學副教授凱文·韋巴赫（Kevin Werbach）和教授丹·亨特（Dan Hunter）在《遊戲化思維》（*For the Win*）一書中介紹的PBL[1]理論，我認為該理論非常適用於用戶的留存提高頻變。

PBL被普遍應用於遊戲化系統，儘管它們不是遊戲化系統的全部，但是它們的確可以被大範圍使用在產品的營運思維上。

大多數遊戲化系統都包括三大要素：點數、徽章和排行榜，這也是遊戲化系統設計的三大標準特徵。

點數

點數通常被認為是用來激勵玩家完成某些任務而存在的，前提是玩家願意用累積的點數購買更多的工具，同時更加努力地換取點數。這種方法極大地刺激了用戶的蒐集欲望，同時激勵了用戶的競爭性。

1. 有效計分。

這是點數在遊戲化系統中最典型的功能。點數的展現能告訴用戶做得有多好，進而增加用戶的使用時間和提升用戶黏著度。連續掛機七天的用戶明顯要比偶爾登錄的用戶獲得的點

1 PBL是points（點數）、badges（徽章）和leaderboards（排行榜）首字母的縮寫。。

數多。

點數也可以劃分出不同的等級，點數越高等級越高，使用者在產品上所花費的精力和時間就越多。點數其實展現了真實的遊戲空間性，因為它說明了遊戲從開始到完成的目標任務進程。

2. 確定獲勝狀態。

在一個有輸贏機制的遊戲中，點數可以確定遊戲過程中獲勝的狀態。如果你想透過點數獲勝，就可能需要放棄戰利品而選擇獲得點數。

3. 成為對外顯示使用者成就的方式。

在多人線上遊戲，或是能看到遊戲社區其他玩家得分的環境中，點數可以向他人顯示自己做得怎樣，也可以做為參與者地位或身分的標誌。

這裡以招商銀行信用卡、中國航空鳳凰知音的積分體系為例。前者刷卡送積分，後者用里程兌換積分，積分可享優惠、抽獎或直接兌換相應獎品等活動，透過「點數」的遊戲化思維沉澱用戶，以達到流量留存的目的。

徽章

徽章是點數的集合。徽章是一種視覺化的成就，用以表明玩家在遊戲化進程中取得的進步。在遊戲化系統中，「徽章」和「成就」常常被當做同義詞使用。透過頒發徽章，可以簡單地劃定點數級別。

一個精心設計的徽章系統可以有五個目標特徵：

- 徽章可以為玩家提供努力的目標和方向，這將對激發玩家動機產生積極影響。
- 徽章可以為玩家提供一定的指示，使其了解系統內什麼是可以實現的，以及系統是用來做什麼的。這可以被視為「入夥」，或參與某個系統的重要標誌。
- 徽章是一種訊號，可以傳遞出玩家關心什麼、表現如何。它們是一種記錄玩家聲譽的視覺標記，玩家往往會透過獲得的徽章向別人展示自己的能力。
- 徽章是一種虛擬身分的象徵，是對玩家在遊戲化系統中個人歷程的一種肯定。
- 徽章可以做為團體標記物。用戶一旦獲得徽章，就會與其他成員成為團隊。

神州專車的「明星專車」就是利用徽章的玩法來打造成就感和身分標籤的典型案例。用戶在打到「明星專車」時會有徽章提示，以便炫耀分享。同樣，Keep 自由運動場的各種運動勳章，不僅激發了用戶挑戰的積極性，也間接提升了用戶的線上時長。

排行榜

排行榜是在行銷中經常運用的一種手段。一方面，玩家通常想知道自己相較於其他玩家的水準如何，只有自己的排位往上走才能給玩家強驅動力和強力黏著度。另一方面，排行榜規則的設置要避免削弱玩家的士氣，要讓產品具有活躍度，而非一場博弈。

建立用戶激勵體系。用戶激勵體系包含負激勵和正激勵：負激勵即積分扣減或其他懲罰性措施；正激勵可以分為「榮譽激勵」、「情感激勵」、「利益激勵」三類，常見的有排名、競爭圖譜、等級、勳章、積分、社群互助、獎金激勵等形式。這些正激勵形式、每日任務和有吸引停留能力的內容，能夠更好地達到刺激用戶持續留存的效果。排行榜其實啟動的就是攀比的社交心理，說到這裡就不得不提中國最熱的排行榜——微信運動。用戶每天可查看自己在好友中的步數排名，並透過點讚的方式達成互動。

流量裂變系統的技術部署

企業如何透過技術實現流量裂變？

我們根據流量裂變系統的幾個關鍵點，總結起來會得出一個等式：

流量裂變＝

平台＋創意＋福利＋技術

接下來要告訴大家如何部署流量裂變系統。（圖 5-3）

平台部署

流量裂變的平台管道是裂變的土壤，不是所有的平台都能挖掘社群流量。主流的社群流量平台有微信（包括

圖 5-3 裂變系統

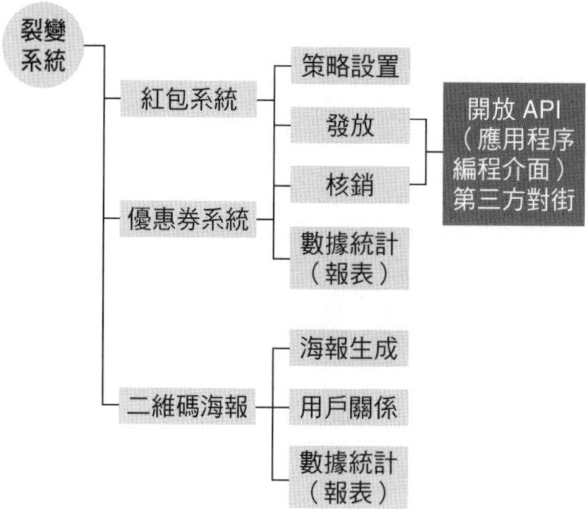

1. **多元化的裂變福利支持**
   多達十個大類的裂變福利支持
2. **靈活的領取分享介面配置**
   多種領取範本，後台工具化介面配置
3. **嚴格並開放的領取策略限制**
   能限制到年、月、週、日、每個用戶、每次裂變的領取控制
4. **詳細的日誌追蹤體系**
   詳細的裂變顯示、使用者領取、使用者分享及領取福利日誌紀錄及追蹤
5. **安全成熟的開放 API 介面**
   支持 App、線下實物、微商城等各種裂變場景，所有動作資料透過 API 加密即時調用和返回資料

服務號、訂閱號、微信群和朋友圈）、企業App、企業微商城、企業產品等。社群流量平台要具備社群傳播的基礎和社群基因屬性，便於使用者體驗參與社群創意福利並形成傳播。

創意部署

流量裂變的創意內容是裂變的催化劑，只有有趣有料的創意內容，甚至IP內容，才有可能撬動用戶的社交關係，產生情感共鳴，形成裂變傳播，進而獲取社群流量。社群流量創意的類型包括病毒創意、IP創意等，社群創意表現形式包括海報、H5等。社群流量的創意設計要具備超強的電商屬性、非常清晰的頁面邏輯，在最短的時間內抓住用戶的注意力，並引導其參與進來。

福利部署

有品質的福利和複利模式的福利規則設計，會極大提高用戶參與社群裂變的動機，同時激勵用戶主動去打通它的關係鏈。透過福利加強使用者和其好友的互動頻率，讓社群關係傳播完全裂變起來，進而獲得最大化的社群流量。

技術部署

流量裂變的技術是整個社群流量體系裡最重要的一部分，我們稱為裂變系統。裂變系統包括裂變前端創建系統、裂變後台配置系統、裂變福利核銷系統、裂變使用者管理系統、裂變資料管理系統、裂變平台對接系統等。系統化的裂變技術能夠最大限度降低用戶參與裂變創意的門檻，提升裂變福利的體驗效率，簡化使用者分享傳播裂變的路徑。

存量找增量，高頻帶高頻

在本章的結束，我想最後總結一下裂變的核心要義，就是經常講到的「**存量找增量，高頻帶高頻**」。

存量找增量，即利用已有的用戶去發展新增用戶。這有兩層意思，首先，你得發展出第一批老用戶（即種子用戶），這個不可能靠裂變，主要依賴廣告投放、產品試用和前期其他推廣方式；其次，存量用戶基數越大，裂變分享的數量才會越大，因此存量基礎是裂變成功的關鍵。

會玩的企業，往往同時兩手抓，一手抓廣告拉新，透過優惠迅速擴大存量用戶；一手抓老客戶裂變，降低整體獲客成本。在存量和增量的不斷轉化中，一個新創品牌可以迅速引爆市場，甚至成為現象級產品。

高頻帶高頻什麼意思呢？如果產品本身是一個高頻使用產品，比如出行、外賣、社交、直播、熱門遊戲、大電商平台等，那麼用戶和你的接觸機會多、使用次數多，裂變福利的可能性就大，企業往往只需要給一些比較小的福利（比如發電子優惠券、免費視聽、遊戲道具等），就可能會有大量用戶裂變分享，帶來新增用戶，高頻帶高頻是很容易的。

但如果企業產品本身並非互聯網產品，消費頻次又低（比如房地產、汽車、家電、金融保險等），那怎麼高頻帶高頻呢？企業需要有同樣的思路，要麼把低頻產品轉化成中高頻福利，要麼雖然低頻，但需變成強福利裂變。

比如房地產，可以以轉介紹費（房價的幾個點提成）的方式吸引現有使用者推薦，這是強福利刺激。但更好的做法是透過類似物業管理類 App，讓用戶中高頻使用，進而加大多次裂變分享的可能。

又比如信用卡用戶，雖然消費頻次可能很高，但基本都是線下刷卡，不一定能轉到線上。這時候如果企業捆綁用戶與微信 ＩＤ 資訊，每一次刷卡都能透過微信消息範本提醒使用者刷卡紀錄，並贈送一次抽獎裂變，那麼線下用戶就可能轉化為微信上的高頻裂變用戶。

保險在金融產品裡面屬於消費頻次很低，基本以年來計，那怎麼高頻帶高頻呢？企業可以開發大量免費贈險，結合各類場景，透過App、微信贈送給用戶。由於很多使用者投保後都會關注微信（方便理賠服務），那麼高頻贈險就可能激發高頻裂變。比如霧霾防癌、加班猝死、春運出行意外、幼兒感冒門診等微量級贈險，一旦結合場景和熱點，就會成為高頻裂變行銷。

總之，沒有絕對低頻的產品，沒有不可裂變的行銷，關鍵是我們需要開闊思路，轉化福利頻次，用好存量用戶。一旦找到合適的玩法，裂變行銷就會成為你最低成本的獲客之道。

第 6 章

微信社會化行銷的流量改造

微信日活躍用戶超過九億，其中五五％的用戶每天要打開微信十次以上。這兩年，微信的巨大流量讓所有人心動不已，大家都想從這空氣級的巨型應用流量池中分一杯羹，企業紛紛自建微信帳號，數千萬的微信公眾號因此誕生。

微信去中心化的體系，讓流量變得更直接，同時依託於社群口碑屬性，這些流量也更加真實、更有價值。

時至今日，微信行銷的基礎教育已經完成，幾乎每家企業都會開通官方微信公眾號，並且定期更新內容。但這並不代表每個微信行銷企業都會合理、有效地利用微信，透過好的手段實現流量改造，使其發揮最大轉化效率。

九〇％的官方微信都在自嗨

官方微信的「自嗨」是當下微信行銷普遍存在的現象。很多企業看似趕在潮流上，實則仍然在用傳統廣告理念經營微信。比如：註冊一個微信公眾號（相當於買斷一個長久的低價廣告位或新聞位），然後僱一位小編定期發圖文維護（等於僱了一位企業專屬的廣告投放編輯）。簡單兩步就解決了常規的廣告投放、企業內刊、品牌公關等多種市場傳播形式。

網感較強的企業，會緊跟事件熱點，借助熱點和受眾完成一些簡單的海報互動，雖然閱讀量並不會增加太多；網感不強的企業，微信公眾號就會完全淪落為自身的新聞中心，成為企業動態、領導人講話、企業文化活動的宣傳陣地，然後鼓動全員轉發朋友圈，以為這樣做就能達到傳播洗版的效果。但結果往往是閱讀量過千都困難，「粉絲」量不增反降，用戶活躍度也沒有提升。

「無趣」、「無效」、「無聊」是當下企業在經營微信時的三個普遍問題。

無趣：由於屬性限制，企業微信在一開始就具有天然商業化內容的定位，但受眾對於這類內容的接受度和容忍度是有限的。缺少人格化的微信內容定位，沒有意思的內容輸出，企業和受眾之間沒有深層互動，這些都是由於無趣導致企業微信關注度不高的直接原因。

無效：即使很多企業微信有了關注度、有了閱讀量，卻依然無法將閱讀量成功轉化，讓流量成為銷量。這是由於企業在移動行銷的過程中，仍然保持著傳統的廣告公關心態來對待微信行銷。

無聊：由於一些企業微信編輯人員的專業度不夠，操作門檻較低，導致產出的內容沒有營養價值。無聊的內容最終無法達到獲取流量的目標。

微信行銷如何才能快速引流並轉換，以下將展開討論。

把微信服務號做成超級 App

請注意，**微信服務號不是公關號，也不只是內容號，而是一個還原 App 功能的服務號**。**這是微信服務號的基本定位**。

微信升級五．〇版本之時，不僅帶來了全民上下沉迷的打飛機遊戲，更帶來了服務號和訂閱號拆分。企業如果想要完善建立行動端的行銷服務體系，服務號勢必成為最佳選項。企業需要透過申請自訂功能表，開通更多的後台介面，把微信服務號當成羽量級的 App 來使用，進而完成微信營運的核心思想轉化。

對於一款企業 App 產品來說，它至少承載著三大功能。

1. 要承載業務的基本產品功能。

這一點很好理解。比如，神州專車做為移動出行的 App，主要功能就是給使用者提供出行專車服務。淘寶、天貓、京東 App 的基本產品功能是線上購物平台，餓了嗎、美團外賣、百度外賣 App 的基本功能是線上外賣訂餐平台等。

這些產品功能本身是要關聯使用者資料和消費資料的。

2. 要承載客服諮詢回饋的功能。

App 是企業與用戶的主要接觸點和溝通平台。企業要想及時獲得使用者回饋資訊，就必須讓自己的產品具備和使用者溝通的功能，也就是客服諮詢功能。

3. 要承載行銷資訊的展示告知功能。

當一個 App 具備一定的用戶基數時，其本身的啟動畫面、彈出式廣告、輪轉圖等就是企業免費的廣告展示、資訊告知的重要管道。

同理，如果企業微信帳號要做成超級 App，就得滿足以下幾個基礎功能。

廣告資訊的展示告知

我一直建議企業做好微信服務號，而不是訂閱號。服務號和訂閱號其不同之處，訂閱號每天可推送一條圖文資訊，會被折疊在訂閱號視窗；而服務號是每月推送四條圖文資訊，但不會被折疊，可以直達用戶。

或許會有企業認為一個月推送四次，頻率不夠，內容太少，達不到效果，但其實恰恰相反。當下用戶的時間太過碎片化，如果每天的推送內容不夠出色，就很難打動用戶，甚至會被認為是一種騷擾而取消關注。二〇一七年以來，微信平台本身的訂閱號點閱率一直在持續下降。如果企業資源有限、人員有限，建議只做好服務號就夠了。訂閱號可以註冊下來，用於企業發布一些緊急性、臨時性的資訊，以及與使用者溝通交流，不做日常更新。

企業在做服務號的推送內容時要珍惜每一次的推送，把內容做成精品，透過一次次的累積疊加最終實現用戶的成長。

客服諮詢功能

顯然，微信的生態環境比 App 更適合說明企業服務和管理使用者，微信公眾平台新版的客服功能提供了即時回覆用戶諮詢、自動回覆、客服資料統計等功能，並支援多人同時為一個公眾號提供服務，讓企業和使用者的連接更為方便和快捷。

企業可以利用微信公眾平台極大地減少客服人員的工作量，讓用戶在微信裡自主完成諮詢、查詢等操作。隨著AI（人工智慧）客服、語音機器人等技術的成熟，微信客服功能會進一步優質高效。

微信一定要實現企業產品功能

微信開發者模式是一個開放式的介面，可以透過產品後台的編寫進行後台改造，完成消費資料的介面對接，進而實現產品在微信裡的業務轉化。

比如，很多連鎖餐飲企業就是微信服務號的受益群體。他們將微信服務號進行技術開發和資料對接，增設了訂餐、訂位、查看功能表、預訂外賣等功能，或者添加微信卡券功能，綁定會員卡、發放優惠券等，效果相當不錯，能夠提高用戶消費頻率和消費額度。

餐飲企業，尤其是速食，一個共同特點就是即興消費，滿足「頻發」、「多選」、「短決策」的特性。三者共同作用時，微信在消費者快速做出消費決策時的作用就尤為明顯。每一次的推送，再輔助優惠券等福利刺激，都可能立刻轉化為消費購買決策。

不僅是餐飲企業，所有具有即興消費屬性的企業，如出行行業、快消行業、便利商店等，都適合把微信服務號打造成超級App。

講幾個實際案例。

肯德基：手機自助點餐

二〇一六年三月七日，肯德基與微信支付達成合作，在中國超過四千七百家門市同時上線微信支付，同時在中國三十多個城市超過兩千三百家餐廳開通手機自助點餐。以微信支付為起點，完成微信體內的閉環式行銷，打造數位化用餐體驗。

用戶在肯德基的微信公眾號上就能體驗「手機自助點餐」的服務功能。這一功能不僅能讓顧客不用排隊點餐，甚至不用進店就能完成點餐、支付的系列環節。而門市一方只需按照訂單準備好餐點，等待用戶到店領取即可，大幅度緩解了高峰時段的客流壓力。

FlowerPlus花加：微信大流量帶來的留存轉化

FlowerPlus 花加（以下簡稱「花加」）的模式很簡單，使用者透過微信下單，每月支付不到人民幣一百元就能收到一盒時令鮮花，收花地點選擇在辦公室或家中。就是這樣一家關注都市白領日常鮮花消費市場、提出「日常鮮花」概念的公司，借助微信的巨型流量優勢，在短短的一年四個月裡，公眾號「粉絲」就完成了從零到一百二十九萬的成長，規模從起步到營收三千萬元，迅速占領了鮮花O2O領域的第一名。

從傳播的角度來說，鮮花消費處在一個受眾需求大、消費頻率高、自傳播觸發點廣的優勢基礎上，微信正好為花加提供了傳播優勢。花加採用的模式是先付款、後發貨的訂閱模式，這解決了資金流轉問題。

微信也為花加的用戶留存起到了很大的幫助作用。企業可以透過公眾號留下使用者的資訊和資料，分析客戶需求，給不同客戶進行分析，提供不同的產品和服務送達，進而實現比自有官網或App更高的留存率。比如，花加會給新客戶配送比較容易栽種的或者常見的鮮花，給老客戶配送一些有養護難度的花，為孕婦配送鮮花時會避開對胎兒有影響的花種等。

據報導，花加目前的用戶來源有九〇%以上都是微信用戶的口碑傳播結果，一〇%來自微信朋友圈的廣告投放。

創意＋技術＋福利，期期做到「十萬＋」

每個企業在做微信流量轉化的過程中，有三個要素是必不可少的：**創意、技術和福利**。

這三點我在第五章也提到過。

創意可以解決流量吸引的問題，好的創意就是引起流量爆發的直接導火線。而企業微信後台的技術性改造，解決的則是流量的承接問題。**流量由有趣、新奇的內容吸引進來，透過微信技術改造實現承接和留存，再利用福利性促銷刺激，進而快速達成流量轉換**。

以神州專車的微信公眾號為例。截至目前，神州官方微信「粉絲」總量接近三百萬人，已經相當於一個主帳號。自「Beat U」之後，閱讀量十萬＋的文章有一百五十多篇。基本半個小時之內就能上到十萬＋，如果配合發券，最高峰可以帶來五到六萬筆專車訂單。

在做公眾號的過程中，我們總結了兩點經驗：

1. 創意驅動。讓受眾覺得有趣、好玩，就會形成自傳播的力量，帶來更多流量。

2. 利益驅動。讓用戶覺得實惠、有福利，可借助利益刺激完成更多分享和轉化。

創意驅動

如何讓你的創意能夠驅動用戶分享，進而帶來更多流量呢？

先說傳統廣告創意。這兩年很多傳統廣告也在追求更好玩、更有話題性的傳播，但其實現在難度要比在社群媒體上大很多。因為傳統廣告的創新有個致命的問題：觸達時間很有限（TVC廣告[1]一般也就十五到三十秒），媒體價格又貴，所以傳統廣告必須在第一時間完成自己的品牌告知。

因此傳統廣告要實現類似社會化行銷的改造（比如病毒影片、網感文案、熱點事件等），首先要判斷這個廣告投放成為網路話題的成功率，如果不能線下轉線上，成為微信朋友圈裡的討論熱門話題，那麼風險就很大，還不如做簡單直接的硬廣告更安全。

當然也有很多傳統廣告做到了「小事件，大傳播」，成功洗版朋友圈。比如，網易雲音樂的地鐵廣告和螞蜂窩的廣告就比較有新意，而且傳播效果好。

網易雲音樂的地鐵廣告其實是用了線上UGC（使用者原創內容）生成，即以線

---

1 TVC廣告，特指以電視攝影機為工具拍攝的電視廣告影片。

下傳統管道傳播、線上傳播擴散的方式實現網易雲音樂投放的地鐵廣告洗版效果。

網易雲音樂將使用者不經意間留下的樂評，當做品牌線下地鐵投放傳播文案，用高品質的UGC實現了一次廣告傳播。

UGC和社區屬性一直是網易雲音樂區別於蝦米音樂、QQ音樂的品牌形象。一直致力於培養用戶邊看評論邊聽歌曲習慣的網易雲音樂，至今已經累計產生了兩億多條樂評。而當這些用戶創造的海量、高質的內容出現在地鐵車廂這樣相對封閉的環境時，強大的視覺衝擊和強烈的情感型精神暗示，使得每一個出現在情境中的個體都能產生巨大的共鳴，而這些共鳴自然而然地就成為品牌自傳播的利器。

同樣是傳統廣告投放，螞蜂窩「極簡化未知旅行」傳播活動就比較有新意。

年輕人普遍對腦洞大開的鬼馬品牌抱有好感。對於螞蜂窩而言，雖然品牌的知名度很高，但是很多人對它的認知仍停留在查攻略軟體的階段。螞蜂窩線上下的投放，包括在北京和上海的地鐵投放、辦公大樓電梯間的分眾投放，都用簡約雙關的廣告畫面，形成巨大的視覺吸引，受到年輕群體的喜愛。

這套廣告讓品牌具備了一定的可傳播性和可分享性。用戶在等地鐵或者坐電梯時，隨手就可以拍照上傳分享，並且很多線下廣告投放中的線路線上上的 App 產品中也能找到，形成了一個線上線下的內容閉環。

相比於傳統硬廣告，網上傳播相對更容易一些。在創意基礎上增加一些交互技術，會讓創意互動趣味提高，分享力度更大。比如，近幾年朋友圈流行的各類 H5 創意。H5 是一種比平面設計重、比影片輕，具有互動性、可實現底層代碼監測、強相容性的技術手段，它的強交互性能給受眾帶來完全不同的使用體驗。

比如，大眾點評的 H5「我們之間就一個字」（圖 6-1），具有開中國 H5 創意先河的價值，它讓更多的創意人看到，原來 H5 的可開發性、互動性、創意實現的效果比一般的平面海報強太多。

圖 6-1
掃描 QR Code 觀看大眾點評「我們之間就一個字」H5 廣告

對於 H5 的製作和使用，我們推崇的是簡單、輕量、有巧思。使用者不用參與太多操作，獲取品牌資訊之後分享出去就好，然後進入福利端，就能實現快速獲客。

雖然現在創意精良、技術花稍的 H5 越來越多，但是有很多洗版的 H5 未必能給企業帶來快速的獲客，並不值得推崇。

利益驅動

很多廣告人和企業非常講求創意，天馬行空，腦洞大，但長久保持高品質創意也是十分困難的。當受眾對創意的要求越來越高時，普通的創意形式只會淹沒在海量的資訊中，或者讓受眾產生審美疲勞，進而降低品牌的傳播性。

所以如果追求不到一百分的好創意，那在日常創意的基礎上加上一些福利，就能讓普通內容也具有更強的分享性；在創意的基礎上加上一些裂變技術，就能讓品牌或產品增加更多的曝光。這也是更具CP值的行銷手段。

創意＋福利，行銷有保障。福利是一種驅動劑。在每個創意之後，給受眾一些福利、獎品，做一些好玩的東西刺激大家去分享，就會讓傳播擴散得更廣，得到更多的流量。

如前文所說，借助「創意＋技術＋福利」的技巧，神州專車公眾號現在閱讀量達到十萬＋的文章很多。（圖6-2）

圖 6-2

掃描 QR Code 觀看「創意＋技術＋福利」，讓神州專車帶來微信期期做到 10 萬＋

除了一些精品H5，神州專車也設計了很多日常花式發券的方法。神州每次發券都有名目、有理由，很多熱點都會迅速跟進一下，比如中國女排奪冠、人類發現第二地球（開普勒星球）、「十一」長假結束開工，還有很多熱播影視劇，神州會抓住用戶關注點迅速發券，這對用戶的使用頻率、分享頻率都有正面提升。

除了常規「創意＋福利」外，利用微信平台做大促銷活動，效果甚至好於企業硬廣告投放，因為微信「粉絲」對企業產品更加信任，對活動也更有興趣參與。

神州專車做過一次震驚行業的飢餓行銷，主題叫「這一次，收官」（圖6-3）。內容是在指定時間內神州專車用戶可以充一百送一百，限時限上限（只有七天，每人最多可充一萬元）。這個活動在提前預熱到活動告知的全過程中不斷倒數計時提醒，基本都是圍繞微信平台來進行，最終效果遠超預期。當天凌晨發布，三個小時充值過億元，最終七天時間共吸引用戶充值二十億人民幣，創造了行業之最。（圖6-4）

圖 6-3
掃描 QR Code 觀看神州專車「這一次，收官」活動頁面

我印象最深的是「這一次，收官」活動中，微信分享量峰值時有十一萬人次主動分享。

就算這十一萬分享用戶每個人只影響一百人，獲得用戶展示數也達到了一千一百萬。

這就是「創意＋福利」，獲得了高分享、高轉化的有效案例。

企業如何玩轉社會化行銷

我覺得有兩方面技巧：第一，**輕、快、有網感**；第二，**用社會化行銷（social）引爆話題與事件**。

玩轉 social 的一些規律

輕

現今行動行銷或許進入了一個怪圈，大家都很喜歡

圖 6-4　神州專車「這一次，收官」活動效果分析

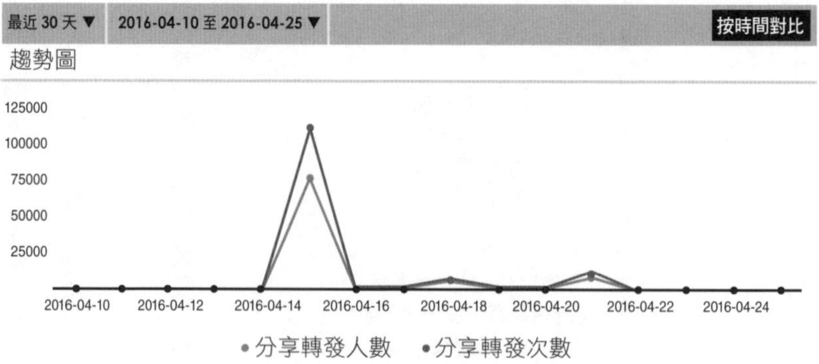

做很酷炫、很複雜的創意，喜歡互動、技術繁雜的 H5，覺得只有這樣的內容才能被叫做好內容，才能實現洗版。

但我們不能否認的，這些內容從前期準備到執行，人員、成本、精力的消耗都十分巨大。而且這樣的創意從策劃到上市必然會經歷漫長的時間，在市場變化如此迅速的當下，任何人都無法保證幾個月前的創意會不會在上市之前就已經落後於市場上的新狀況。

而選擇相對比較輕一點的創意形式，可以為品牌爭取多次嘗試的機會，創意的反覆運算快了，企業創牌的試錯機會就多一些。這對於初創企業來說，是一種很好的嘗試辦法，我在後面會用「Michael 王今早趕飛機遲到了」舉例說明。

快

移動互聯網講求的是速度，事件傳播發酵的速度快，創意的反應就一定要跟上。如果說在傳統廣告時期，一個創意的產生週期是五天，那麼到了行動行銷時代，一天五個創意都是極可能出現的事情。

腦洞大、速度快、與熱點的結合巧妙，就會讓你的創意更驚豔，進而引發更多分享。熱點借勢的速度，大多是用戶分享轉發的巨大驅動力。這也是杜蕾斯為什麼能稱霸社會化行銷的一個重要原因。

神州專車在二〇一六年七夕當天，發布了一篇微信推文〈Love U——致優步中國的那些年輕人〉。這其實是借勢「滴滴合併 Uber 中國」的新聞，發出的一封招聘公告。神州專車團隊從看到新聞到生成創意，再到聯繫拍攝、素材製作，最後發布，整個製作週期沒超過兩天。「Love U」與強競爭性的「Beat U」形成鮮明對比，是一次很有力度的品牌層面上的行銷，發布後閱讀量近百萬，轉發分享也超過四萬次。

有網感

說到網感，很多企業會對這個詞過度解讀，比如，一定要在文案中使用各種流行的網路流行語、網路潮語，否則不夠「網感」。雖然當下很多流行語的確會為文案帶來一些可讀性，但是更多時候企業是在生搬硬套、不符語境地刻意使用。

說到底，網感其實是每一個企業微信帳號應該具備的同理心，它能洞察到這篇推送文章的目標使用者的內心世界，能真正表達用戶想說的話，能明白目標使用者在什麼樣的場景中會使用什麼樣的情景語言。

網感就是有同理心，說人話。企業微信不要太官方、太嚴肅、太擺架子。比如，汽車品牌 MINI COOPER 的官方微信帳號「絕對ＭＩＮＩ」從帳號定位開始就奉行一個宗旨：不拉拉扯扯，不遮遮掩掩，只為真正感興趣的人提供最有意義的內容。所以這個帳號從一開始就選擇和其受眾人群生動溝通，用共同感興趣的話題、可能喜愛的事物、這個群體的交流話術來和用戶互動。

企業微信的網感還可以被解讀為「**企業的人格化**」。當企業微信擁有一定的個性、人格化之後，用戶會主動尋求和官微的互動，或者去「調戲小編」，當用戶用一顆平常心對待官微，把這個定時推送的帳號當成一個平常人，就會和企業在無形中建立起某種情感信任。

支付寶的微信公眾號的親切程度要遠遠超越其行動支付工具的屬性。而且支付寶微信號在某種程度已經不能算企業微信人格化，而是一種生動與逗趣的存在。

支付寶微信公眾號從一開始的定位就是「不是行業帳號，不是媒體」，而且明顯不同於普通微信小編。支付寶的微信推送沒有固定時間，沒有固定的更新頻率，這完全違背了「培養用戶習慣」「捕捉用戶黃金時間」的營運準則。就是這樣有點「神經病」的營運風格，並不妨礙它的篇篇推文獲得十萬＋的閱讀量。

二〇一六年五月十三日，支付寶推送的一篇題為〈用五個字證明用過我，你OK嗎？〉的文章，全文只有一個實心標點，卻成了微信史上最短的十萬＋文章。

我們可以看到，在企業微信營運上，當企業品牌有趣、好玩、和用戶打成一片時，品牌資訊、功能展示都可以選擇性地往後排。這並不會損失什麼，反而會讓「粉絲」黏著度更高，企業傳播重要資訊時的效果也更好。

用「輕、快、有網感」打造社會化行銷案例

這裡再結合一個完整案例來詳細闡述，如何用「輕、快、有網感」打造社會化行銷。

二〇一八年初，氫互動為神州專車打造的H5「Michael王今早趕飛機遲到了」（圖6-5）洗版朋友圈。這個H5時長不到三分鐘，以第一視角拍攝，男主角Michael王為了趕飛機，全程狂奔，各種悲催，接連出狀況，整個劇情極具代入感，再加上H5的全螢幕播放也讓體驗更加原始生動，看得人非常緊張和焦慮。

首先，這個H5製作很「輕」。

圖6-5
掃描QR Code觀看神州專車「Michael王今早趕飛機遲到了」H5廣告

「Michael王今早趕飛機遲到了」（以下簡稱「Michael王」）就是一個典型的輕型H5。整個H5只有一個影片短片灌裝而成，影片拍攝採用GoPro（美國運動相機品牌）攝影機（演員戴在額頭上），屏棄了傳統廣告的高清製作，團隊選擇第一視角全程直立模式拍攝，成本相對很低，製作時間很快，從創意、定稿，到製作、上線僅僅十四天。

而且正因為是第一視角，整個H5體驗非常有代入感，再配上讓人焦慮的劇情、緊張的背景音樂和快節奏的剪輯手法，這個H5在打開的前三秒就能瞬間吸引網友眼光，並使其如身臨其境一樣體驗整個H5。

在互動上也是輕型的，整個體驗流程只有三處互動按鈕：

- 播放按鈕——點擊播放；
- 著陸頁按鈕一「這不是身邊那×××嗎」——點擊分享到朋友圈；
- 著陸頁按鈕二「趕飛機還是TA好」——點擊下載神州專車App。因為「輕」，用戶的H5體驗才是輕鬆的，這也就為洗版和最終的流量高轉化埋下了伏筆。

其次，策劃製作上線僅十四天，夠快。

「Michael王今早趕飛機遲到了」的H5從策劃到上線，只用了十四天的時間。

因為輕，所以快，這二者相輔相成。拍攝只用了半天（夜裡零點以後在浦東機場拍攝）就搞定了，H5技術也僅僅用了一天就完成了部署上線。

由於項目是針對春節前的機場接送市場，所以上線時間一定要保證，在預算經費不多的情況下，「Michael王」從創意、製作到互動技術，一切都從輕從簡從快，但效果卻超越了很多幾百萬元製作的土豪影片，僅上線半天時間播放量就突破三百萬，並實現了真正的朋友圈洗版。

互聯網熱點來得快去得快，但「Michael王」創造了二〇一八開年首次洗版，和它的時間點選擇和創意原生感有很大關係。

最後，強烈的原生感和網友共鳴。

「Michael王」的創意其實很多來自團隊親身真實經歷，這也就是為什麼很多網友看完覺得劇情很生活化，很有共鳴。真實的生活感悟和洞察，才是創意的核心。

整個H5採用第一視角，強烈的畫面原生感是打動人心的關鍵，不必過於精美，不要「太像廣告」，這樣的作品更有可能引發大家的共鳴與轉發。

從最後一句文案——在這裡，放下全世界的焦慮——可以看出，焦慮已經變成很多人日常生活中的常態，Michael 王也不例外。誠然，做為出行服務提供者的神州專車也改變不了什麼，只能為你提供一個安靜舒適的地方，讓你在這裡放下全世界的焦慮——我們知道此刻奔波勞累的你「只想靜靜」。

這便是同理心，「有網感」拉近了品牌和受眾的距離，讓他們完成了一次走心的溝通。正是基於「輕、快、有網感」的社會化行銷玩法，「Michael 王今早趕飛機遲到了」的 H5 上線僅僅一天多就突破四百多萬的影片播放量，當天「趕飛機」的微信指數更是從前日的兩千多激增到接近四十多萬，高出日常兩百多倍，並帶來專車節前機場接送訂單的持續成長。

用話題與事件引爆社會化行銷

社群媒體不僅讓事件傳播反覆運算的速度加快，同時讓資訊進入速朽模式。企業的每次日常發聲很容易就會被淹沒在碎片資訊的海洋中，這就需要企業做微信行銷時跳出日常，利用一些話題、事件來引爆行銷。當然話題事件的引爆很考驗行銷人員的操作經驗，也十分考驗行銷人員對話題的把握能力。

神州專車在創牌時的「Beat U」事件，一天三次的洗版，帶來了單日新增用戶同比成長十倍以上，單日訂單量同比成長五倍以上，App 排名由之前旅遊類三十多名上升至第八名。最後道歉微信五分鐘突破十萬+，優惠券領券尖峰每分鐘接近兩萬張。

好的事件行銷其實是可遇而不可求的，有些事件行銷可能火了事件，但是品牌並沒有受益。具體如何選擇和操作，我會在第七章詳細闡述。

人人都愛一圖流

現在中國的社會化行銷環境進入了一種馬太效應，即有錢的企業越來越會玩，沒錢的企業越來越邊緣。

由於用戶的認知水準在逐步提升，使其對於新鮮事物的嗨點越來越高，注意力分散，常規的行銷手段越來越難刺激到用戶的痛點，這也逼著很多企業、品牌開始了行銷上的「軍備競賽」。

現在我們所熟知的很多洗版級創意，都需要耗費大量的人力，創意團隊、技術團隊、傳播團隊三方嚴密配合才能實現。而這些基本上只有資金雄厚、為了夯實品牌的企業才能做得到。

騰訊遊戲「吳亦凡入伍新聞」、騰訊動漫「薛之謙憋大招」、天貓「穿越宇宙的雙十一邀請函」、淘寶「一千零一夜之鮁魚水餃」、招商銀行「番茄炒雞蛋」這些重量級的巨型H5雖然在傳播當下迅速刷爆了朋友圈，也不斷為行業內容拓展邊界，但是必須要承認，這些創意的耗費巨大，一般企業很難玩得起。

多媒體形態中，能被大家分享到朋友圈的創意形式一般有H5、病毒影片（十秒）、圖文、圖片等。在這些形式中，圖文是移動傳播中最常見、CP值最合理的傳播形式。在圖文中利用「文字＋圖片」的形式，在文字和圖片的創意呈現上做一些巧思，標題也清新脫俗一點，就會快速地被閱讀、被分享出去。

除了圖文，在行動社群中，圖片是最快速、最討好的傳播方式，所以「一圖流」要比「圖文流」更適合傳播。在傳播中，如果圖片夠有趣，很快就能實現洗版並帶來流量，如果在圖片的下方加上一個小程式或二維碼，也就能帶來部分轉化。

比如，杜蕾斯借勢熱點行銷，基本都靠一張創意圖，以巧妙的圖片創意獲得大量關注和轉發。

天貓曾經聯合哆啦A夢代言做了一些廣告告知，但迴響平平，最後反倒是一張「我要離開你了，要去當天貓了」的小圖，瞬間引發洗版。

有趣的一圖流可以透過借勢行銷為企業帶來更多自流量。

比如，美國總統大選的時候神州做了一張海報——「選總統糾結十個月，選專車，只需一秒」。總統大選當天下午投票時海報發出，效果不錯，很多盤點文章都引用了該海報。

麥當勞在高考期間推出限時六元人民幣麥滿分早餐組合，恰逢高考恢復六十週年，順勢引發「滿分挺你」的行銷戰。線上活動中，麥當勞定製了七〇、八〇、九〇、千禧年代不同的准考證版本。受眾只需要輸入高考年份，上傳照片，就能生成一個自己十八歲的准考證。

一圖流的玩法被廣泛運用，比如美圖秀秀、某 App 推廣的性格標籤生成、臉萌的 Q 版頭像、支付寶年度帳單、「五二〇」結婚證。

企業在選擇一圖流時也可以嘗試在**圖片底部帶上產品的銷售資訊或者電商二維碼，讓一圖流傳播品效合一**。（圖 6-6）

比如，前文提到的洗版的百雀羚案例，如果能在長圖的結尾處帶上一個二維碼或者銷售資訊，那麼高的閱讀量一定能帶來更為可觀的效果收益。

圖 6-6
掃描 QR Code 觀看 luckin coffee 海報底部有二維碼

第四章我講過的神州專車「U＋優駕開放平台招募司機」，其操作就是每個司機都能生成一張帶二維碼的海報，把海報分享到朋友圈，進而獲得大量報名資訊。

現在企業新聞發布的傳播更要考慮一圖流。

在今天這個時代，資訊的傳播其實變得比較容易。只要把公關稿件送交媒體或者透過社群媒體發布，就能帶來一定的傳播量，這基本替代了傳統媒體發布的固有模式。

那麼為什麼很多企業仍然堅持做發布會呢？

絕大部分原因在於**現在的發布會其實就是一個秀場**。企業希望大家在現場能獲得更好玩兒的資訊、更有趣的照片、更有價值的觀點，可以讓他們在朋友圈擴散。所以今天的發布會（比如錘子發布會、羅振宇跨年演講），往往一張ＰＰＴ或者一個現場圖就能引爆朋友圈，其基於線上的二次傳播效率相當高。

綜上，一圖流有很多好玩的方式，能直接給品牌帶來關注和流量，可謂「自來水」。

初創企業不必追求大投入、大製作，透過熱點做一些好玩兒有趣的一圖流，也很有可能引發洗版。即使沒做到洗版也不會有太多損失，因為圖文、圖片的成本相對較低，這樣一來傳播試錯的機會就會多很多。

善用微信範本提升微信流量轉化

前面提到要把微信服務號做成超級 App。除了對微信內容進行改造之外，善用微信範本消息，即時與使用者互動和溝通，能更簡單、更直接地提升微信流量轉化。

目前，企業透過微信公眾號平台與使用者溝通的方式只有四種：

- 公眾號群發消息（訂閱號每月一次，服務號每月四次）。
- 被動回覆消息（使用者主動溝通後根據預設自動回覆消息）。
- 客服消息（使用者主動溝通後四十八小時內的即時消息）。
- 範本消息（使用者授權後根據微信官方範本按需求給使用者發送消息）。

這些方式裡面只有服務號群發消息和範本消息呈現在使用者微信互動介面的首頁，與使用者好友資訊欄並列，具有非常高的資訊到達率。

微信開發範本消息功能的本意是加強企業標準化客服功能，但越來越多的企業巧妙地透過範本消息功能實現了主動客服、間接行銷的功能，大大提升用戶的互動頻率和轉化機率。

如果說裂變主要為了解決用戶拉新的需求，那麼範本消息就是為了解決使用者提頻的需求。終極的提頻就是將用戶互動變成用戶習慣，使用微信原生的範本消息功能是最佳選擇。

根據範本消息的使用者使用場景和消費週期，我們將範本消息歸納為以下幾類。

新用戶註冊提醒

使用者註冊後，即時透過微信範本消息對其推送禮券，結合場景有效地誘導潛在客戶形成消費行為，進而無縫地形成流量轉化。

會員卡綁定提醒

會員卡綁定是會員體系的搭建。透過微信範本資訊對現有會員進行管理，以便用戶的留存和轉化。

積分變動提醒

把會員積分和微信範本消息打通，每次變動都即時提醒，可以讓品牌和用戶之間的互動更暢通。

卡券贈送提醒

用微信範本資訊贈送卡券，一來觸及率更精準，二來轉化也更直接，進而實現更有效的提頻。

用戶消費提醒

用戶消費之後，即時推送消費提醒，既增強了和用戶的互動，也提升了用戶黏著度。

商品配送提醒

透過微信範本消息讓使用者第一時間得知商品配送狀態，使之與使用者的消費行為產生深度關聯，也讓用戶對官方微信的關注產生了必要性。

卡券到期提醒

用微信範本消息功能可以增強服務號的服務通知能力，每次觸發不僅是消息提醒，更是對用戶的喚醒，特別是卡券到期提醒這一功能，大大降低了用戶流失的可能性。

售後客服提醒

微信服務號一對一、一對多、多對一溝通的社群屬性，讓資訊推送的觸達更加精準。品牌利用微信範本在服務效率、服務體驗上有了顯著提升，服務成本也隨之大幅降低。

微信小程式：O2O的流量入口

微信已經成為從即時通訊、新聞閱讀、出行、外賣、支付全包含的一站式應用。所以當iOS（蘋果移動作業系統）和安卓App的下載需求在不斷下降時，基於微信的程式開發需求反而在增加。小程式的出現就是對應用程式的輕便化改造。其前身是二〇一六年一月九日微信之父張小龍提出的微信「應用號」的概念，直到二〇一七年一月九日，「應用號」正式更名為「小程式」並上線。

對小程式的願景，張小龍用十六個字加以概括：

「無須安裝，無處不在，觸手可及，用完就走。」

小程式是利用二維碼承載資訊和服務，實現線下到線上人和物的連接，旨在構造一種高效率、短路徑的應用生態。它區別於訂閱號和服務號，在不打擾用戶的同時，滿足用戶所有線下場景的需求。自上線後的三個月裡，小程式連續更新，從開放長按識別二維碼功能，到開放關聯小程式能力，再到支援公眾號群發文章添加小程式，一系列的動作都在不斷完善和強化小程式O2O流量入口的重要性。

「線下」、**「低頻」**、**「場景」**、**「輕量」**是小程式開發時的關鍵性技術指標。目前，在一些服務線下場景中，比如繳費、停車、查詢、點餐等，小程式的應用比較普及。

小程式自上線以來有兩款爆品出現：一個是「匿名聊聊」，另一個是「摩拜單車」。

二〇一七年五月二十日，一款叫作「匿名聊聊」的小程式形成了洗版的態勢。玩法很簡單，輸入聊天口令，進入小程式，和朋友匿名聊天即可。借助朋友圈的擴散，加上小程式和匿名聊天的噱頭，四小時內訪問量達到四十多萬次。

但是這個小程式被微信封鎖了。封鎖的原因很簡單：匿名聊聊並沒有做到人和物的連接，也沒有完成線下和線上的連接，這和小程式的初心背道相馳，被下線是其必然結果。

據報導，摩拜單車自二〇一七年三月底全面接入微信以來，每天有超過五〇%的新增註冊用戶都是來自微信小程式。該小程式完全符合人和物的連接、線下到線上用完即走的產品理念，是一個成功範例。

「線下」和「場景」是小程式使用的關鍵，沒有線下場景需求，就無法觸發小程式。就目前的市場培育狀況來看，天氣查詢、餐廳點餐支付、公車查詢、航班動態、物流資訊等都是小程式可以開發的場景市場，也可以更快速地獲得微信流量。

此外，小程式、微信服務號、App 所針對的用戶需求不同，企業可以根據自身情況考慮技術開發布局。

第7章

事件行銷：「輕快爆」的流量爆發

在獲取流量的各種方法中，事件行銷一直是企業市場部比較青睞的。原因有兩點：一是能夠迅速打開知名度，聚集關注；二是可能以小搏大，節約大量媒體投放費用，獲取流量的CP值較高。

但要注意，隨著移動互聯網和社群媒體的出現，我們已經進入一個資訊氾濫和新聞速朽的時代，事件行銷也不例外。

消費者現在每天接觸到的資訊要遠多於他們願意接收的資訊。資訊的超負荷接收導致資訊的價值降低，消費者注意力成本增加，易形成審美疲勞。很多時候，你辛辛苦苦做的內容，消費者可能根本沒時間看，也沒心情接收。

同時當下熱點事件在閱聽人腦中的留存時間越來越短，事件的影響力越來越弱。在二〇一五年，一個熱點的熱度能維持七天左右，然而最近這兩年，事件從爆發到結束也就一到兩天，甚至可能就是一個上午。可以說來也匆匆，去也匆匆。

另外，使用者對於洗版級的事件內容會越來越挑剔，企業以小搏大的難度增加，這好比看多了好萊塢大片，再看一些低成本小製作電影，肯定難入法眼。沒有明星，沒有IP，沒有一定的媒介投放，純靠好點子和一個線下活動，很難達到行銷預期。事件行銷投入越來越大，效果卻不一定能影響到產品銷量。

事件行銷技巧的五個關鍵爆點

企業在進行事件行銷的時候，有沒有一些技巧可以借鑑呢？

首先，當下的事件行銷都不應該做得太重。事件、熱點來得快、去得快，所以事件行銷一定要「輕快爆」地出創意，見效果。

「輕」指的是內容要輕，媒介選擇要輕。太複雜、太花稍的創意在事件行銷過程中不被提倡，而且媒介最好是選擇線上的投放形式。「輕」本身就是為事件行銷爭取最快的時間。

「快」指的是傳播速度、發力速度要快。當下的市場情況瞬息萬變，如果預熱準備期過長，等到創意出街，市場和競爭環境可能已經出現了巨大的調整和改變。一個好的廣告作品可以創作三個月甚至半年以上，但是一個CP值高的事件行銷，首先要求速度要快，要超過大眾預期。

「爆」是指事件行銷的爆點要強而有力。現在的事件行銷爆發的核心路徑普遍都在互聯網的社群媒體上，所以不論是創意設計還是媒介組合，都要圍繞著社群媒體來設計。在「爆」的方面，有以下五點可以借鑑。

熱點

顧名思義，熱點就是借勢行銷，借公眾情緒達到推廣宣傳品牌的效果。追熱點已經成為廣告人、行銷人的基本功，目的其實還是增加流量。代理商、廣告主想要自己造出一個事件、一個熱點的難度要遠遠大於借勢熱點的難度。而且在熱點行銷已經成為常態化的當下，這已經是一種保險的喧鬧形式。

追熱點有一個大忌：猶豫。追熱點動作要快，可以提前儲備，也可以及時反應。我在前面講過多個快行銷的案例，這裡不再贅述。

爆點

事件行銷中的爆點，其實更多指向的是行銷的「關鍵字」或「符號」。

每個事件行銷必須有簡短且辨識度高的主題詞（一般為五個字以內的關鍵字，明確的雙井號關鍵字，比如 # 逃離北上廣 #、#BeatU#、# 丟書大作戰 # 等），還要具有強化統一的視覺符號，創意要乾淨簡單。

只有關鍵字和符號突出，才有利於大眾的口口相傳和媒體的報導描述。

賣點

在事件行銷的整個過程中，必須緊跟自己產品的核心賣點。只有把握住核心賣點，才能防止流量外溢，行銷活動才能落實。比如，神州專車在創牌時的核心賣點是「安全」，所以「Beat U」主打的是黑專車的安全問題。神州買買車的核心賣點是爆款車特賣，所以王祖藍的「買買舞」和直播一直圍繞著「爆款」[1]。

槽點

社群媒體讓大眾傳播變得更加便捷和簡單，在人人都可以發聲的情況下，吐槽的門檻越來越低。閱聽人對於事件的參與度之高、擴散性之強，達到了一個前所未有的高度。品牌可以借助吐槽的勢能，透過「埋槽點」控制閱聽人吐槽的方向，然後借助段子手[2]、一般網民的吐槽來保持話題熱度，最後再進行收割。

槽點的設計有幾個注意事項。

1 爆款是指在商品銷售中，供不應求，熱銷商品。
2 好段子都是金句，像原來的名人名言。

第一，槽點要能夠引發話題爭議。比如，在神州「Beat U」案例中，雖然大部分導向都在力挺 Uber，但也有不少網友支持專車安全，這種爭議衝突讓神州專車迅速成為話題中心。

第二，槽點要簡單，便於網友介入。品牌要適當放低自己的身段，讓受眾感受到自己是可以「點評你的」（智商優越性），才能出現吐槽現象，就像「Beat U」裡故意「吊打文案」安排了「怪蜀黎」的「黎」這個錯別字，目的就在於此。

當然吐槽是門技術，笑對需要勇氣。

節點

掌握事件行銷的節奏，是長期經驗的累積，也是執行的關鍵。在事件行銷中，關鍵人物和時間節點都很重要，可能會改變企業對本次事件的把控方向。比如，「斯巴達勇士」事件中，員警就是突發事件的關鍵人物，如果沒有員警的控制，很可能這件事情的傳播就會比較完整，甚至會有品牌露出。當然這件事情也有可能不會讓人記憶深刻，這都是拋開結果會出現的可能。

時間節點是必須要考慮的變數。正常的事件行銷時間最好安排在週二到週四，因為很多人這段時間都在上班，看到一個事件爆發可以順便吐個槽。

週末休息時間話題一般容易遇冷，不做推薦。

競爭型話題一般都選在週四，這樣競爭對手很難迅速在週五做出反應。

在選擇關鍵意見領袖時，最好選擇和自己調性相符的，以便進行傳播配合。

「輕快爆」案例解讀：閃送「我們是誰」

做事件行銷，大家最喜歡說的就是四個字：借勢，造勢。

借勢就是借助熱點，迅速上位，它對於品牌的創意巧妙、反應速度有很高要求，絕大部分朋友圈熱點海報都屬於借勢範疇，比如杜蕾斯。借勢型的事件行銷會投入更多，而不僅僅是海報，比如透過媒體投放、社會化行銷話題、廣告拍攝等來進行傳播，做好了就會事半功倍，以小搏大。借勢目前是很多企業願意選擇的事件行銷方向。

造勢型事件行銷，則是企業完全「無中生有」，自己製造事件和話題。很多一線品牌都以自己造勢活動為主，一是權威專業，調性較好；二是可控性強，準備充分，不用像借勢一樣拚速度、拚體力。造勢型的事件行銷投入一般較大，風險也較大，很多都可能是企業自嗨，傳播效果一般。

雖然前面講過的「Beat U」屬於造勢範疇，但從我主張的「輕快爆」操作原則來看，我個人更推崇借勢行銷，投入較小，傳播可能性強，成功概率會更高。接下來講講二〇一七年八月，氫互動團隊操作的閃送借勢案例，這個案例被很多媒體評為二〇一七年度十大事件行銷，本身效果轉化也不錯，值得展開敘述。

二〇一七年曾經洗版朋友圈的漫畫《我們是誰？》，因為其簡單、賤萌、易於文案PS（圖片處理）的畫面，引起了很多跟風吐槽行銷。各家文案紛紛擼起袖子開始追熱點，但大多是換湯不換藥地改改文案、修修圖。（圖7-1、圖7-2）

氫互動團隊抓住了這波熱點，迅速跟閃送找到了結合點，並且在二十四小時之內為這個同城快遞品牌打造出了真人版「我們是誰」。由於當時熱點還沒過去，真人版放出的速度實在迅速，文案既有趣也很接地氣，讓閃送真人秀馬上刷爆朋友圈。

借勢海報還不夠，閃送團隊又創造了第二波「輕快爆」，用

圖 7-1
掃描 QR Code 觀看
漫畫《我們是誰？》
朋友圈洗版原圖

圖 7-2
掃描 QR Code 觀看
漫畫《我們是誰？》
各種跟風版本

了僅一天時間，讓閃送海報登陸北京各大辦公大樓、電梯間、電影院線戶外看板（實際投放不多，但形成了網上第二波話題）。

這四十八小時的連續操作猛如虎。一是真人做圖、修片、上稿件快，讓很多網友甚至是廣告同行都震驚閃送的速度感；二是線下媒體配合也快，能這麼快就覆蓋各個傳統看板，也是超越了投放常識，從線上瀏覽到線下廣告出現，這種神奇速度，引發了大量線下用戶的關注和拍照分享。（圖 7-3、圖 7-4）

據閃送企業內部統計，「我們是誰？」在為品牌帶來巨大曝光的同時，App 下載量僅兩天就超過三萬，實現了用戶活躍度和行動端下載量的雙暴增。可以說，這次借勢型事件行銷真正做到了品效合一。

「輕快爆」，在閃送這個案例上表現得比較充分。

- 內容很輕（就是海報實拍），製作簡單迅捷，保證了快速實現的可能。如果是拍微電影或者製作素材複雜，就很難抓住此次機遇。

圖 7-3
掃描 QR Code 觀看迅速跟熱點的閃送行銷案例

圖 7-4
掃描 QR Code 觀看迅速跟熱點的閃送行銷案例

- 借勢很快，並且與眾不同，保證了在借勢紅海中脫穎而出，媒體上見刊快也留給了大家深刻的印象。天下功夫，唯快不破。
- 效果爆炸。閃送不滿足於僅僅海報借勢，透過操作廣告投放、「自有 App ＋微信」跟進、社會化行銷話題跟進，把小熱點做成了一次實實在在的事件行銷，收穫了成長效果。

「小活動，大傳播」：喪茶快閃店

我推崇的「輕快爆」原則，在事件活動中也可以理解為「小活動，大傳播」。線下投入不要太大，實際也影響不了太多人（能超過二千人都算規模大的），傳播的核心和主要成本一定要放到線上，透過具有創意的線下小活動，迅速引爆線上大話題。

二〇一七年，最有趣的以小搏大事件行銷，非網易「喪茶」莫屬。做為一家「哭著做茶」的喪茶店，網易新聞和餓了嗎聯手打造的僅有四天的快閃店成為年度事件行銷中的經典案例。

事件起因是二〇一七年二月，喜茶入駐上海來福士引發了空前的排隊風潮，喝一杯茶需要排隊二至三個小時。這一現象引起了網友們的吐槽，更有網友認為應該在喜茶對面直接開一家喪茶店。於是網易新聞和餓了嗎合作的喪茶快閃店就從段子裡走了出來。

喪茶最初只是網友們針對喜茶的玩笑，可沒想到最後真的落地，並迅速竄紅網路。僅半天時間，喪茶開店的消息就出現在了社群網路及各大新聞平台，引得網友們紛紛圍觀自發傳播，洗版二〇一七年的夏天。

我們看看喪茶是怎樣小活動、大傳播的。

首先，在這個話題的選擇和執行成本上喪茶擁有先天優勢。因為有了之前的持續發酵，喪茶快閃店甚至不需要太多的預熱就能自帶熱度光環，直指年輕網路人群。據了解，喪茶快閃店是直接承包了一家傳統奶茶店進行店面改造，工期非常短，成本低，除了店面和產品功能表，其他的基本都不需要改造太多，保證了活動執行速戰速決，能夠集中精力線上爆發。

其次，喪茶主要集中了三個趣味點，透過大量自媒體進行網上的發酵擴散。

第一，喪茶的命名。因為與喜茶打對手戲，且這個名字非常有網感和大膽，店鋪裝修和杯子包裝也採用了黑白喪的主題，迅

圖 7-5

掃描 QR Code 觀看喪茶的店鋪和菜單設計

速吸引了大量年輕人的討論和吐槽。（圖7-5）

第二，喪茶的菜單。這是最易於網路發文和轉發的核心內容，是創意重點。在菜單產品上，推出「你的人生就是個烏龍瑪奇喪茶的創意菜單朵」、「加油你是最胖的紅茶拿鐵」、「你不是一無所有你還有病啊烏龍茶」等六款「喪爆單品」，讓年輕人自發和產品拍照並傳播擴散。

第三，製造網紅代言。兼任「網易新聞主編」和「野生內容官」的王三三沮喪代言。這隻羊駝用牠標誌性的「生無可戀臉」詮釋了「喪」的真正含義，這也再次吸引了大家的好奇心以及網路分享欲望。王三三後來也成為網易新聞的一個知名ＩＰ。（圖7-6）

圖 7-6
掃描 QR Code 觀看「網易新聞主編」王三三代言喪茶

結果可想而知，這麼有趣的快閃店、切中情緒的喪茶菜單，還有惡搞羊駝王三三，引發了全網的關注和吐槽，喪茶店不僅成為排隊網紅店，而且大量的圖文（尤其是菜單）造成網路洗版。

當前快閃店行銷已經越來越多，六五％的快閃店租賃期在十天以內，這樣的時間週期正好適合一個事件行銷的發酵和引爆。而且快閃店做為品牌線下場景的入口，能夠透過創意性的裝飾打造為閱聽人提供沉浸式體驗，是企業進行事件行銷的一個創意測試方向。

事件行銷的轉化效果

成功的事件行銷可以獲得流量短暫爆發，但是具體變現也是很有難度的，因為在傳播過程中，大家關注的點不同，不一定馬上能落實到消費層面。

那麼事件行銷究竟能不能為企業和品牌帶來效果轉化呢？

有很多事件行銷其實是為了事件本身而做的行銷，最終事件火了，但品牌或銷量效果很難保證。

例如：前文提到的「斯巴達勇士」，事件確實能帶來很大的關注，瞬間爆發巨大流量，卻讓閱聽人的關注點聚焦在事件本身，而忽略了背後的品牌。

同樣，對於「逃離北上廣」這個由新世相操刀的著名案例，也有一些質疑的聲音，認為輿論關注事件的焦點被引導到了創意代理商（新世相官微）身上，反而忽視了品牌主（航班管家）是誰，覺得品牌主是為媒體炒作在買單。

還有二〇一五年洗版的「只要心中有沙，哪兒都是馬爾地夫」案例，很多人以為是去哪兒或者攜程策劃的病毒事件，其實幕後的真正品牌主是途牛。這張圖片和後來發布的一些圖文，與途牛網自

圖 7-7
掃描 QR Code 觀看途牛網事件行銷

身資訊分割太多，確實會讓閱聽人一笑了之，以為是網友純惡搞。（圖7-7）

這些流量、聲量和關注度到底能不能帶來品牌成長，令人懷疑。

從流量池思維來看，事件行銷要把火力集中在品牌本身或者核心賣點上，才能讓流量和銷量掛鉤，即使會犧牲一些創意的趣味性，也比事件火了但品牌沒人知道帶來的尷尬要好。

當然事件行銷也可以分成品牌和效果兩類。品牌類透過一個洗版級的事件提升品牌聲量，搶占消費者的心智，打造品牌知名度；效果類就是把透過事件行銷瞬間爆發的巨大流量，迅速轉換成實際銷量。

比如，神州專車「Love U」的案例就是一次偏品牌與公關型的行銷。這次行銷並沒有給神州專車帶來太多切實的銷售數量，卻是一次和「Beat U」呼應的反轉型行銷。僅二十四小時便完成創意構想、拍攝與設計、文案撰寫、媒介投放，微信服務號當天閱讀量超過九十三萬，微信文章分享量達四萬次。（圖7-8）

圖 7-8
掃描 QR Code 觀看
神州專車「Love U」
微信海報

現在很多企業都喜歡把「爆料」當做行銷標的。畢竟當我們說起在社群媒體上做一波行銷戰役時，想到的肯定是先做一組海報，再做個H5，傳播上選擇雙微平台、大V、KOL、自媒體組合拳，預算夠的話再來個直播……但總感覺缺點什麼，那就「爆個料吧」，小範圍的影響力度畢竟有限，「爆料」才能引起大圈層關注。

但是有多少事件行銷最終都淪為一場廣告主和代理商的自嗨，又有多少事件行銷能真正帶來效果轉化、能真正讓企業賣出貨，這些都是企業在選擇做事件行銷之前就要考慮清楚的問題。

第8章

怎樣投放數位廣告更有效

在流量池方法中，雖然我們講到了很多低成本的獲取流量的方式，但仍然不能放棄最直接獲取流量、成本高但效果好的方式——廣告投放。

在本章中，我們會重點介紹行動端廣告投放的流量轉化。在手機上，廣告展示、點擊購買、行動支付已經形成了完整的購買鏈條，相比於傳統廣告，顯然轉化鏈條更短、效率更高，更容易做到效果的回饋和分析，也更容易實現品效合一。

現階段的廣告投放大致可以按照媒介形式的不同區分成兩種：一種是傳統媒體的品牌型廣告投放，例如：電視、電台、報刊書籍和戶外看板等；另一種是基於互聯網和移動互聯網，透過大資料分析標籤定位技術而實現的精準廣告投放，比如，搜尋引擎行銷、資訊流廣告、DSP等互聯網效果廣告。

傳統廣告投放和互聯網效果廣告投放的明顯區別是，企業在進行傳統廣告投放時只能依靠市場人員的經驗，進行初級的用戶分析和投放分析，很難完成效果追溯；互聯網效果廣告投放則可以透過大資料標籤化的精準定位，根據投放效果即時調換創意形式，達到最後的效果追蹤。

互聯網效果廣告基於大資料分析的技術手段，能夠實現對受眾的標籤定位。同時利用媒體圈的概念，把品類相同的媒體進行捆綁銷售，於是就出現了相當不錯的精準廣告。

但是廣告商口中的大資料究竟是多完整的大資料；對閱聽人完成標籤定位，究竟有多準確；媒體圈售賣的網站廣告位究竟是不是好位置；好的位置價格很貴，爭搶的人眾多，而品相一般的廣告位流量不多，位置不佳，怎麼實現精準，這些問題，都值得展開探討。

防作弊，需要全程資料監測

企業做市場的時候普遍會有一個共同的願景：希望所有的行銷都是有效的，希望所做的投放都是精準的。

可事實往往並不如願。從近一百年的廣告史來看，不論是依靠經驗判斷、強媒介投放資源的傳統廣告，還是倚仗大資料分析、目標閱聽人的標籤，到目前為止，定位投放的互聯網效果廣告都沒辦法實現絕對的精準化。行銷的精準化更多的仍然是廣告商和媒體過度包裝的概念，在我看來，更為準確的表述應該是「**高相關性行銷**」。

市場調研機構艾瑞諮詢發布的《二〇一七年中國網路廣告行業年度監測報告》中的相關資料顯示，二〇一六年，中國整體網路廣告市場規模達到兩千九百億人民幣的量級，其中行動廣告市場規模突破一千七百五十億人民幣，預計到二〇一九年行動廣告市場規模將突破五千億人民幣，在網路廣告市場中的滲透率近八〇%。

雖然數位廣告的市場占有率在逐年遞增，但不可否認的，效果廣告的「黑洞操作」也越發嚴重。

二〇一四年到二〇一五年，全球範圍內有關流量欺詐的基準線都未曾變動過。二〇一七年寶僑首席品牌長畢瑞哲在美國互動廣告局年度領袖會議上發表演講時，強調媒介供應鏈中的透明度、標準統一化、代理透明化的重要性。這些「黑洞操作」不僅嚴重浪費廣告主的預算，還影響到對媒介投放是否有效的衡量與評估。

數位廣告流量作弊的特徵

數位廣告常用的計費方式，一般分為如下幾種：

- CPM，即以每千人次瀏覽計費。
- CPC，即以每點擊一次計費。
- CPA，即以每一個有效行為（比如下載、註冊）計費。

- CPL，即以每一筆客戶留資訊計費。
- CPS，即以每一件實際銷售產品計費。

投放數位廣告的邏輯，先需要被看到，才有可能發生進一步的點擊、瀏覽、註冊（或留資）、購買等其他行為。

從展現到點擊是廣告資料的源頭，沒有展現的轉換、沒有曝光的點擊一定存在問題。下面這張圖，從高到低展現了數位廣告流量作弊的難度。（圖 8-1）

我們可以清楚地看到，展現量、點擊量、留資量這三個環節很容易產生流量作弊，因為這裡是數位廣告的投放源頭。即使是留資這種需要使用者留下手機號碼的操作，看似並不容易作弊，但由於隱私的洩露，一個手機號碼人民幣幾毛錢已經不算媒體投放的祕密。

只有當使用者使用、交易的行為越深，作弊的難度

圖 8-1 流量作弊特徵

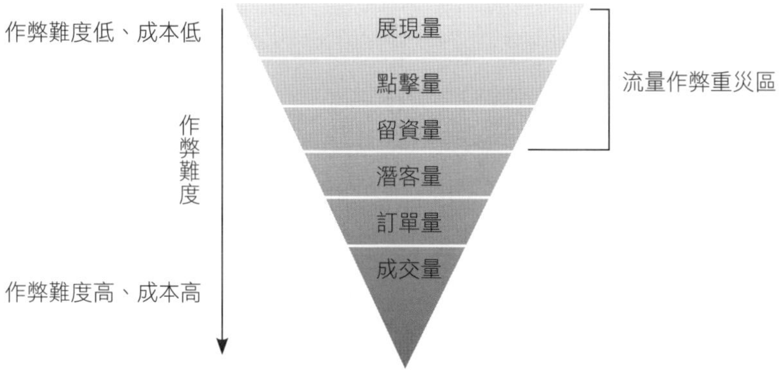

才會越大。用戶轉化成企業潛客（交付定金）、使用者下達的訂單量和最終的交易量，在這三個環節幾乎不會存在流量造假。

企業只要從交易的最終成單量就能反推出CPS，掌握自身的CPS後，透過倒金字塔追溯，基本上就能清晰地知道流量作弊浪費的資金有多少。

企業使用協力廠商監測可靠嗎？

從互聯網時代到移動互聯網時代，先後湧現出多家協力廠商廣告資料監測工具和平台，其中比較有代表性的有Double Click、秒針、AdMaster、友盟和TalkingData（北京騰雲天下科技有限公司）。Double Click是全球最大、最知名的廣告資料平台，二〇〇七年被Google收購，產品功能豐富，包括廣告發布、管理、追蹤等，屬於「裁判＋教練＋運動員」型選手。優勢是Google的平台和技術。

秒針是中國國內最早的廣告監測平台，二〇〇六年成立，核心就是數位化廣告評估和優化，二〇一一年WPP集團（世界知名廣告傳媒集團）入股。優勢是擁有國內最大的廣告監測群，日最高處理一千億次曝光請求。

AdMaster是獨立協力廠商DMP平台，二〇〇六年成立，產品研發和創新能力較強，可為品牌搭建一站式自動化行銷平台，二〇一四年北京傳播集團藍色游標入股。優勢是跨螢幕監測和社會化媒體平台資料監測評估。

友盟是常用的行動開發者服務和資料統計平台，二〇一〇年成立，每天覆蓋全網七億真實活躍消費者，為超過一百四十五萬款應用和七百萬家網站提供全域資料服務，二〇一四年被阿里巴巴收購。優勢是每天觸達十四億活躍設備，每月覆蓋八〇％以上新增手機消費者，幾乎覆蓋全部 iOS 消費者。

TalkingData 是協力廠商行動資料服務平台，二〇一一年成立，平均月活躍用戶為七億，為超過十二萬款行動應用提供資料服務，二〇一四年獲得軟銀投資。優勢是對接三百多家廣告平台，以及十多萬應用開發者。

以上幾種廣告資料監測工具和平台核心功能大同小異，只是業務側重點不同，基本能夠滿足廣告主的大部分需求。

但協力廠商資料監測平台只能提供 App、網頁等單一終端表面的資料統計及分析（如 PV、UV、停留時間和按鈕點擊熱度等），無法多平台整合、統計並追蹤使用者行為資料，對使用者消費及消費後續行為統計就更加困難（企業也不允許這部分核心資料外洩），因此很難透過表面監測杜絕作弊行為。

一般企業在進行數位廣告投放時，都應該得到三端的資料：第一，媒體端資料，包括來自投放媒體的展現量、點擊量、點擊率、關鍵字消費、點擊價格等；第二，自有網站端（著陸頁）流量資料，包括PV、UV、跳出率、停留時間、下載用戶端等；第三，銷售端的訂單資料，包括留資量、潛客量、訂單量、成單量（訂單最終成交）等。

理想狀態下，如果企業能夠有效地聚合三端資料並且彼此對比驗證，就可以大大降低流量作弊問題，提升行銷效果。

但目前為止，無論是協力廠商監測還是企業自建平台，廣告效果監測最艱難、最根本的問題是——三端資料無法打通。

在大部分企業，這三端的資料很難同時集中在市場部手中，並被精細地串聯使用。媒體資料由媒體或代理商掌控，網站流量資料掌控在企業的市場部門，訂單資料掌握在企業的營運銷售部門或財務部門。因為這三個部門的資料不能打通，導致企業無法得知一條廣告的投放能帶來多少最終成單，更無從得知哪些媒體管道的投放對企業真正有效，只能模糊地判斷廣告投放效果。

目前中國沒有任何一家協力廠商監測機構可以承諾監測到三端所有資料，如果媒體不夠開放、代理商從中注水、廣告主不肯提供銷量資料，那麼資料監測就會出現很大問題，給作弊留下了空間。

針對數位廣告流量作弊的應對辦法

對於持有廣告預算的廣告主來說，最強烈的需求就是防流量作弊，那麼有沒有什麼辦法可以盡量規避一些流量作弊呢？

制定科學的 KPI（關鍵績效指標）

很多廣告主被流量作弊行為蒙蔽的根本原因是只追求效果，制定了不現實的 KPI，逼著廣告代理商不得不造假，這是甲乙方要共同面對的問題。

有些企業把投放部門的 KPI 考核定在展現量、點擊量、留資量這三方面，投放部門為了給出滿意的資料，也自然會導致代理商造假。

如前分析，企業可以將 KPI 考核多定在潛客量、訂單量甚至最終成單量上，才能更加準確地了解正常點擊、曝光和轉換資料範圍，一旦超出正常範圍就要提高警惕。

企業要建立全程資料監測

企業如果真的想要實現精準化的投放，企業的管理者就一定要有全程資料監測的意識。透過技術自主搭建監測系統，把投放的「三端六環」（三端：媒體資料、網站流量資料、訂單資料；六環：展現量、點擊量、留資量、潛客量、訂單量、成交量）真正打通。

這樣企業基本上就能清楚哪個投放管道、展現媒體對自己是有利的，哪種推廣形式能帶來明顯的效果轉化，企業就敢在數位行銷上花更多的廣告費，也就能知道那五〇％的廣告費到底花到哪兒了，同時避免更多的盲目投放。

投放有沒有效，請你進「神廟」

從上一節我們已經知道，效果廣告是否真正有效的關鍵，在於三端的資料能否實現互通共用。這牽扯出另一個問題，品牌主所需求的投放資料管理平台是什麼樣的。

我們用神州的資料管理平台為例來說明。對神州來說，同樣會面臨和很多企業相似的投放痛點。比如，精準行銷落地難，行銷成本分析更難，廣告管道效率難以判斷；使用者行為資料缺失，無法進行使用者特徵及輪廓分析；企業決策資料依據不足，無法精準分析業務效率問題等。

於是神州團隊在數位監測系統上發力，打造了「神廟系統」（Temple System），用於監測各種數位廣告投放效果。

神廟系統可以有效解決兩個問題：第一，實現企業各個架構資料的流通；第二，對行銷資料實現漏斗級的監控。

神廟系統首先拿到第一方資料，即企業在之前的生產經營和推廣過程中所累積的資料，包括品牌的廣告投放資料、官網資料、社群資料、客戶關係管理資料、訂單資料、客服中心使用者記錄資料等，這些資料往往真實精準。

在內容層面，品牌第一方資料除了包含比較標準的標籤外，還包含一些使用者的詳細互動資料，以及在不涉及用戶隱私的前提下蒐集到的廣告和媒介行為資料。

企業只要詳細地分析利用這些資料，就可以輕易地避免很多投放浪費的問題。

我們用「神廟」舉例。

神廟系統涵蓋了神州買買車、神州租車、神州專車、神州車閃貸在內的神州優車旗下四大產品的資料參數，同時打通了訂單資料、媒體資料、網站流量資料的三端資料。這些資料聚合在同一個象限上，很容易就能知道哪些推廣管道是有效的，哪些推廣形式是可複製的，所有的資料都一目了然。

比如，神廟系統上線後為神州某個業務帶來了顯著的效果，成單成本連續五個月下降，成單量逐月上漲，劃分出高效媒體、關鍵字、創意，排除了四〇％的無效廣告費。

此外，神廟系統還能實現SEO、SEM的效果最大化。

神州租車是服務型且品牌知名度高的企業，用戶在搜尋引擎中每日檢索神州租車品牌詞高達數萬次。但大部分檢索來源是老用戶，如果SEM投放是以拉新為目標，投放品牌詞的結果肯定會導致拉新成本過高。

一旦掌握資料之後，在不斷的投放試驗下，神州租車最終選擇採用「SEO＋SEM」相結合的投放方式，讓預算花得更有價值，效果也更為理想。

除了實現SEM關鍵字的新老使用者區分外，神廟系統同時開發出SEO訂單資料，為「SEO＋SEM」策略提供資料支援。

結合SEO的自然關鍵字排名，SEM投放策略進行大幅調整；品牌詞中包含大量老用戶的流量使用SEO自然排名承接，而SEO排名略差的通用詞、競品詞使用SEM投放，最終達到整體花費不變，而新客、訂單量整體提升的效果。（圖8-2）

從神廟系統我們可以看出，企業要打通行銷流量和訂單資料關聯，能精準分析各管道廣告行銷成本，並且能對使用者行為特徵進行量化分析，更加精準地了解用戶需求，有針對性地提供廣告投放。

為了充分挖掘和累積資料價值，品牌自建第一方資料管理平台，把資料掌控在自己手中是不可或缺的。同時第一方資料管理平台還必須要有能力安全地對接其他協力廠商資料，最大化地挖掘資料價值。

哪些數位廣告投放形式最可靠

在移動互聯網時代，程式化購買已逐漸成為主流的廣告投放形式。

用程式的方式代替人工作業，既可以節省人力成

圖 8-2 神州租車「SEO + SEM」訂單量

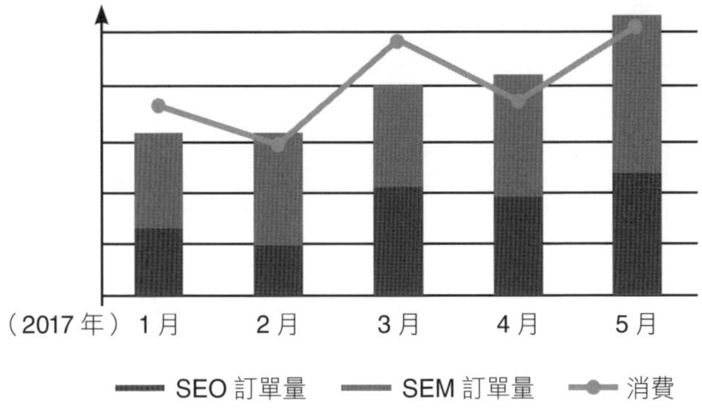

本，也能讓廣告投放更加精確化。程式化購買是一種智慧化、個性化的數位行銷形式，是顛覆傳統廣告行業的商業模式。易觀發布的《二〇一七中國程式化購買廣告市場年度綜合分析》顯示，二〇一六年，中國行動用戶成長率高達八・八%，行動市場需求量增多，同時程式化廣告市場規模高達三〇八・五億元，同比成長六八・一%。

雖然數位廣告的市場配額在快速成長，但是在透過精準投放實現行銷實效的問題上仍存在很多問題。流量欺詐和視覺化是制約未來發展的關鍵性因素，想要解決這一問題，不僅需要引起整個行業的足夠重視，還需要國家增強監管力度。同時廣告主清楚數位廣告投放流程，掌握和了解每種投放形式也是重要的一環。

接下來幾種效果廣告投放形式，哪些可以為企業快速帶來真實流量效果，我們來分析一下。

SEM越來越貴怎麼玩？

SEM管道的主要資源是各大搜尋引擎流量。目前針對移動互聯網端的推廣管道大致可分為兩類：關鍵字廣告和展示類廣告。

中國關鍵字陣營主要有四家：百度搜索、搜狗搜索、360搜索、神馬搜索。展示類廣告包括百度聯盟、百度M－DSP、搜狗網盟等。投放廣告的展現形式更加多樣化，如文字鏈、圖文、橫幅廣告、影片等。

由於百度的壟斷特性，同時競價行業向著正規化發展，從業人員的操作方式越發相似，如帳戶結構類似、著陸頁設計相同、諮詢相同，連應對方式都一樣。總體來說，各個搜尋引擎的流量變現產品的展現樣式基本相同。

在如此同質化的情況下，價格也不斷上漲，百度行銷成本每年都有一五％左右的浮動。在這樣的情況下，那些曾經盲目、片面的優化工作對整個帳戶效果提升已經起不到太大作用，需要具備更加系統和全面的優化思維和技巧才能適應當下情況。

投放前的趨勢分析

要想做好搜尋引擎行銷，就一定要在投放前進行趨勢分析。時刻關注資料動態，找到波峰和波谷出現的時間點，記錄並分析出現原因。按照推廣時間和週期，常備消費、轉化量、轉化成本三個基礎性資料。

關鍵字更換

關鍵字更換是SEM中重要的環節，也是控制行銷效果的關鍵因素。企業不能對關鍵字的選擇一視同仁，一定要根據投放情況，及時調整帳戶結構、預算控制、出價、創意的發想。

其實關鍵字的選擇階段就是關鍵字規畫帳戶策略的階段，很多通用詞、行業詞由於競爭激烈導致其出價往往很高，會占去投放總消費的一大半。而轉化率比較高的詞彙由於出價和語段問題，得不到充分的展現和點擊。所以一定要透過對關鍵字的選擇和流量控制，找到最佳的比例。不斷結合產品特性，不斷嘗試新詞，增加相關搜尋量帶來更多新的轉換；結合實際情況，把優化做為日常工作，根據節假日或熱點經常更換關鍵字。

不斷優化啟動成本和拉新成本

盲目調價的時代已經過去，企業需要花更多的精力調整帳戶策略，花最少的錢買最精準的流量，同時不斷優化啟動成本和拉新成本，降低高成本的消耗，提高低成本轉化的消耗。

除常規維度的資料分析外，還要進行多維度數據分析，比如統計時段、設備、地區的轉化資料，找到效果比較好的維度進行放量操作。出價的多少要根據轉化的情況來確定，避免非理性出價。

根據統計行銷流程、計畫維度的轉化、關鍵字轉化三個常規維度的資料進行分析，找到更加有效的優化方法。

不斷優化著陸頁

著陸頁起到承接和轉化的作用，是最關鍵性的環節。透過著陸頁的不斷優化，根據不同活動內容設計著陸頁提升轉化，以達到儘快拉新的目的。著陸頁具體如何優化，可見本書第十章。

原生廣告和資訊流廣告

原生廣告是伴隨著智慧手機及移動互聯網浪潮流行起來的新型廣告形式。

很多時候，置入性廣告要比硬性推廣的廣告效果好很多，就是因為置入性廣告可以把品牌及產品的特性透過視聽等形式融入某一情景中，實現潛移默化的宣傳效果，在加強受眾認知的同時也減少了受眾的牴觸心理。

原生廣告也是同樣的道理，就是將廣告變成內容。

以前，互聯網廣告主要形式之一就是圖片 banner 廣告。但是 banner 廣告的使用者體驗十分不好，從視覺上對使用者來說是一種騷擾，與網頁整體環境是割裂的。

原生廣告的出現打破了這種突兀的廣告投放形式，它透過場景化、訂製化、融合性的內容和當前頁面環境整合，實現真正的一體化閱讀體驗。

原生廣告在形式上可以和 App 內其他因素融為一體，在視覺上弱化了干擾，同時能以 App 或者社群媒體的「推薦」、「資訊流」的方式出現，巧妙地避開了對用戶注意力的干擾，提高了廣告的效果。

最先踐實互聯網原生廣告的是推特，它最先開創了資訊流廣告並應用於行動端，解決了行動端廣告展現問題。

Facebook 於二〇一二年一月也開始了資訊流廣告的嘗試。從個人電腦端延伸到了行動端，並順應移動互聯網時代的廣告行銷特點，以用戶為中心進行精準投放和互動改進。二〇一四年第三季度，Facebook 廣告收入中六六% 來自手機等行動端，資訊流廣告點擊率比 PC 端高了一八七%，而且這些廣告都可以評論點讚，就像朋友們發出的動態一樣。

在中國，微博、微信、今日頭條、陌陌都是資訊流廣告產品的代表。百度在二〇一六年末也上線了資訊流廣告。互聯網巨頭紛紛布局資訊流廣告，不僅是看到了它基於內容而產生的廣告紅利，更是因為資訊流廣告是繼ＰＣ端搜尋廣告之後，在行動端最有價值的市場。

資訊流廣告的投入到底值不值？答案是肯定的。

推特前亞太區副總裁阿利札・諾克斯（Aliza Knox）表示，資訊流廣告有著比banner廣告高出二二〇%的點擊率，不僅能彌補搜尋廣告的不足，更能有效地激發用戶需求。

華為曾在推特上為其智慧手機Ascend Mate7投放資訊流廣告，並嵌入一段廣告預告影片。最後的回饋資料顯示，用戶平均互動率超過預期一九三%，推特追隨者增加了三・五%。

百度行動想要在北美市場拓展百度魔圖App，最後選擇了推特的AppCards廣告產品，而最終關注者增加了二・七萬多，App下載率達到一%。

在ＰＣ端，搜尋廣告的邏輯是「人找資訊」；而到了移動互聯網時代，情景化、定制化、融合性的內容分發採用的則是「資訊找人」的反向路徑。

那麼資訊流廣告到底怎樣才能實現效果最大化？

明確廣告想要突出的核心賣點

在創意開始之前，提煉產品的核心賣點，然後根據這個賣點定位找到精準的閱聽大眾。

要有極強吸引力的標題

資訊流廣告歡迎「標題黨」，對標題文案功力的要求是很高的。要在海量資訊中透過幾個關鍵性的詞句，結合熱點和引發好奇心的賣點，在資訊流中吸引關注和點擊。

配圖要精美且生活化，避免太廣告化

「視覺的錘子，語言的釘子」。圖片相比文案更容易喚起閱聽人情緒，能傳遞高效資訊，所以精美、有創意且生活化的配圖更占據優勢。

在製作資訊流廣告時，需要注意生活化，要做到不像廣告的廣告才能有效達到傳播。

最貴資訊流廣告：微信朋友圈要不要投？

屬於資訊流廣告的一種，微信朋友圈廣告已越來越常見了，透過整合億級微信用戶流量，朋友圈廣告為廣告主提供了獨一無二的社交推廣行銷平台。

朋友圈廣告門檻也在一步步降低，二〇一六年，百萬元級別的投放門檻，二十八個行業的頭號客戶才可以參與；如今排期廣告五萬元就可起投，本地推廣的競價方式只要日預算人民幣一千元起就可以投放。微信朋友圈廣告投放門檻降低，讓幾乎所有的企業都可以參與投放，一方面接地氣了，另一方面流量競爭也越來越激烈。

目前微信朋友圈廣告的收費策略根據投放廣告類型和地域稍有不同，平均是一百到一百五人民幣一個CPM，北京、上海則要一百八十人民幣一個CPM。相對於其他資訊流廣告平台平均十幾人民幣一個CPM來講，微信朋友圈廣告算是「最貴資訊流廣告」。

但在眾多廣告流量中，微信朋友圈流量確實是優質而精準的，值得企業投放嘗試。在我操作 luckin coffee 的投放過程中，**很多時候遇到的問題不是為花錢多苦惱，而是因為花不出去錢、買不到足夠的流量曝光而煩惱**，相信這也是很多朋友圈競價的企業主面臨的問題。比如二〇一八年一月十八日，微信廣告助手罕見地發布了流量緊張通知，這放在其他廣告平台是很少見的，可見微信朋友圈廣告的競價激烈。

就我的投放經驗而言，微信朋友圈廣告是一個很好的品效結合的廣告管道，在 luckin coffee 的投放中，我使用了微信的兩種投放模式，都是品效合一的。

LBS 定投廣告

這個投放很適合線下有實體店的零售商家。借助 LBS 技術，朋友圈在地推廣可以精準定位周邊三到五公里人群。無論你是新店開業、促銷、新品上市、會員行銷，朋友圈定投廣告都能有效觸達顧客，提高門店顧客到訪。商戶可以透過門市名稱加強所在地用戶對商家品牌的認知。本地推廣廣告不受五萬元單次投放門檻限制，每天一千元即可起投。便宜又靈活，不支持排期廣告，只能選擇競價的方式投放。

例如：luckin coffee 是全新的新零售咖啡品牌，我們想要在開業當天引爆客流，就選擇了以單店為核心的LBS定投，整個設計簡單美觀，原生感較強。為了提高轉化率，我們設計了新客戶首杯免費的活動，這大大吸引了用戶對該廣告的關注，廣告的平均點擊率達到三・五%，領券率超過四〇%，在同類廣告中遙遙領先。（圖8-3）

圖 8-3
掃描 QR Code 觀看 luckin coffee 的朋友圈 LBS 定投廣告

雖然當天的領券獲客成本一般都很高，但透過後續轉化，以及CRM簡訊通知，一週後的CPS可以降到比其他管道更加便宜，僅次於用戶裂變。

排期品牌廣告

這是最常見的品牌投放形式。為什麼叫排期呢？因為第一種LBS定投廣告是一種競價機制，如果在同一商圈今天競價廣告主很多，那可能你出價再高也拿不到太多流量，因為大家都在搶。

而排期廣告是品牌為了充分展示廣告，提前進行流量合約的鎖定，比如我需要下週三在北京購買一千萬PV的流量，那提前一週多進行廣告排期，在微信廣告後台提交申請和帳戶加值，就可能提前購買到下週三的一千萬流量。（圖8-4）

相比於LBS定投廣告，排期品牌廣告展現形式就比較多樣了，現在一般流行的就是外圈投放六到十五秒影片廣告。當然廣告主可以透過微信自己提供的廣告範本，進行圖文、影片、選擇卡片等各種形式的設計，在形式上比LBS定投廣告要豐富得多。

但是從轉化效果（下載、訂單）來看，我個人感覺品牌廣告是七三開，即七分品牌、三分效果，而LBS定投廣告因為精準促銷，可以是三七開，即三分品牌、七分效果。

這個就要看廣告主的需求到底是什麼。如果想快速增加企業品牌曝光，並且是針對目標人群的曝光，可以選擇品牌推廣。用圖文形式或影片形式，根據目標使用者人群輪廓，選擇城市、區域、性別、年齡、手機設備、上網環境、興趣愛好等人群標籤，提前一到二十八天預定排期，一次廣告計畫可以選一到五天，五萬人民幣起投。

如果要推廣自己的App下載或者公眾號加「粉」，就可以選擇競價的方式購買廣告，

圖 8-4
掃描 QR Code 觀看 luckin coffee 品牌朋友圈廣告投放

一次最長投放十天，日預算一千人民幣起投。這個效果好控制，素材更換也靈活。

如果像 luckin coffee 這樣有線下實體店，有促銷活動，想要把廣告推送給門市周邊的人群，最好還是選擇 LBS 在地定投形式。

DSP 廣告到底可不可靠？

即使在數位廣告市場培育較好的當下，DSP 也不是一個流傳甚廣的概念。大家可能還不清楚什麼是 DSP，什麼是程式化購買廣告，那就先來普及一下。

DSP 是服務於甲方（廣告主）或代理公司，集媒體資源購買、投放實施優化和出具分析報告功能為一體的一站式廣告需求方平台。

我們都有購物的經驗。我們購物的時候沒必要搞清楚每一種商品的種類、原產地、代理商，然後一家一家上門採購商品。我們只需要選擇一個像超市、商場這樣方便統一的購物入口，然後按照自身的需求、預算、標準進行挑選就行。

同理，需求方平台其實就是一個大型媒體超市或商場，廣告主需要按照自己的定位族群和廣告預算，透過即時競價機制挑選和購買來自各種資源管道的廣告流量。而且購買是針對每點擊一次來付費（CPC），類似於在商場裡看上某件商品，只有用戶拿到收銀台結算的那一刻才需要付費。

DSP廣告可以將純受眾購買發揚光大，實現透過標籤識別用戶，針對每一次展示機會進行競價購買（RTB），擺脫對單一媒體的依賴。相比於傳統媒體的展示類廣告，DSP廣告確實更為先進和精準。目前，BAT都有自己的DSP平台，最知名的如騰訊社群廣告、騰訊智匯推、阿里媽媽、網易有道、新浪扶翼等；協力廠商知名DSP廣告公司有品友互動、億瑪線上、聚勝萬合（MediaV）等。

但是因為「多平台標籤投放」、「千人千面」的特點，所以對於廣告主來說，根本看不到廣告投放到哪兒了。這是比傳統廣告浪費更讓廣告主焦慮的事情，至少在傳統廣告上什麼時候上線了、在哪裡展示了還是能夠肉眼看見的，而現在DSP廣告由於碎片化、標籤性、多平台投放，廣告主只能依靠投放後代理商出具的報告知道投放在哪兒。

看不見的事情就容易出現「黑洞」。

報告可以作假，投放廣告也可能在網站的伺服器上沒有任何投放紀錄。這些空手套白狼的手段，不僅讓甲方受損，更讓DSP行業蒙羞。

從個人投放經驗來看，SEM、資訊流廣告都是當前相對放心的投放形式，相比於DSP廣告要安全很多，資源也比較可靠，很多協力廠商DSP廣告公司拿到的基本都是各大平台的剩餘垃圾流量，轉化效果差而且品牌環境惡劣。DSP廣告的垃圾流量已經是全球範圍內數位廣告投放的問題，據AdMaster報導，每年至少有四〇%以上的投放都是無效的。二〇一六年，Facebook就把DSP廣告徹底下架，因為網站無法負荷垃圾流量超載。

數位廣告行業迫切地想要向廣告主證明，數位行銷可以跟傳統廣告做區隔，解決廣告費不知道花到哪裡的問題，在對用戶標籤化後，能夠讓廣告主清晰地看到產品族群定位，能夠實現讓看到廣告的人都是真正對產品感興趣的人。理論上，這種精準定位的效果是最好的。

事實上，再先進的技術透過程式不一定能描繪出用戶的真實興趣和意圖，有些DSP廣告的效果不一定會比那些定位準確、賣點明顯、文案有趣、畫面衝擊的傳統廣告更好。

DSP廣告本身的過度神化，加之行業內「黑洞」亂象的滋生，讓DSP廣告目前顯得還不是那麼可靠。

企業DMP有價值嗎？

最近AdMaster推出的《二〇一八數字行銷趨勢報告》表明，七〇%的廣告主將增加數位行銷預算，其中，五四%的廣告主表示，二〇一八年最關注的數位行銷技術是DMP。

互聯網的發展和商業的繁榮，讓消費者隨時、隨地即時下單成為可能，購物路徑由曾經傳統的消費者找產品，轉變為產品找消費者。傳統廣告的「泛」投放越來越無法滿足廣告主搶奪消費者有限的注意力的需求。於是能滿足廣告主精準投放的數位廣告成為新寵，其中企業 DMP 又集萬千寵愛於一身，成為廣告主最為關注的焦點。

我將從三個維度與大家分享和淺析自己對 DMP 的理解。

什麼是 DMP？

DMP 即資料管理平台，是把分散的第一方和協力廠商資料整合到統一的技術平台裡，再透過機器學習演算法對這些資料進行標準化和細分管理，並把這些細分結果即時地應用於現有的互動行銷環境裡，幫助行銷取得最大化效果。

顧名思義，DMP 要從三個維度進行理解：資料、管理和平台。資料主要來自品牌自身，包括廣告投放資料、官網資料、大社群資料、CRM 資料，以及透過自媒體、付費媒體、前端廣告、銷售資料等，將所有資料匯入一個平台。

資料來源分為兩類：第一，第一方資料；也就是品牌和企業主，資料主要來源於自身，包括廣告投放資料、官網資料、大社群資料、CRM 資料和自媒體資料。第二，協力廠商數據：擁有海量使用者資料的 DMP，如 BAT、今日頭條、愛奇藝魔術師、TalkingData 等。

此類平台的明顯特徵，因為自身屬性（通常為平台），累積了大量的註冊使用者，根據使用者在此類平台上的交互、消費、行為等相關路徑，使用者資料被平台整合管理可進行資料化營運。

有了基礎資料，管理才成為可能。DMP會從使用者行為、自然屬性、場景屬性、社群屬性等多個維度入手，對這些資料進行挖掘和分析。

但這裡的資料管理不是對資料進行簡單的標籤分類和打碼來劃分目標受眾，而是透過更加深入的機器學習，使用大量優質資料樣本分析，得出更深層次、符合目標受眾內在的群體特徵，也就是我們所說的真正的消費者。

神州專車透過上下車地點的基礎資料，可以發現使用者最熱門上車地點排名前四的為高端商務辦公大樓、機場、五星酒店和高級住宅區。透過App活動資料，可以發現神州專車的用戶關注度和參與度高的標籤為「金融」、「理財」、「航司」、「五星酒店」等。加上來自各個平台、管道、內外部的碎片化資訊，我們可以描繪出資料背後的準確使用者輪廓。

透過DMP進行的資料分析和管理，可以容易地看出神州專車用戶的男女比例、年齡、興趣愛好、消費偏好等極為細緻的人群特徵。值得注意的，當你對個體的用戶輪廓越精確，為企業提供的價值量就越大。基於資料的分析，我們可以針對用戶進一步細分，不僅影響品牌的廣告投放策略和最終的行銷效果，甚至會為企業、品牌業務特點和商業邏輯提供決策參考，比如神州專車孕媽專車、一鍵定製功能的推出，也是基於DMP的資料分析。（圖8-5）

同時只有基於DMP資料採擷、分析與管理，跨螢幕、重定位等程式化廣告、個性推薦、動態推送等程式化交互，以及會員營運管理和其他行銷自動化的工作才能實現。到此，從資料的蒐集、管理和整合，到完成循環流入和輸出的功能，才讓DMP擁有了平台的屬性和價值。

用流行的說法，資料管理的DMP是低配版本；實現了行銷輸出的DMP是高配版本；真正能實現多品牌交叉決策輸出的DMP，就是頂配版本，能覆蓋和解決更多資料和行銷問題。（圖8-6）

圖 8-5　用戶標籤與用戶輪廓平面圖

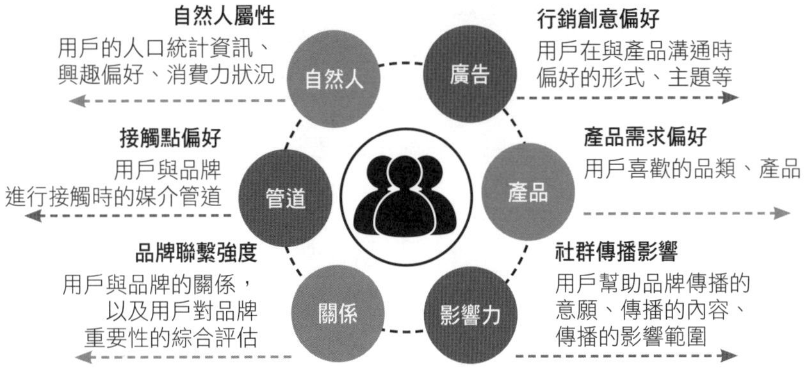
自然人屬性
用戶的人口統計資訊、興趣偏好、消費力狀況
自然人
行銷創意偏好
用戶在與產品溝通時偏好的形式、主題等
廣告
接觸點偏好
用戶與品牌進行接觸時的媒介管道
管道
產品需求偏好
用戶喜歡的品類、產品
產品
品牌聯繫強度
用戶與品牌的關係，以及用戶對品牌重要性的綜合評估
關係
社群傳播影響
用戶幫助品牌傳播的意願、傳播的內容、傳播的影響範圍
影響力

企業為什麼要做DMP？

傳統時代的消費者存在於廣告公司的策略分析裡，存在於終端銷售的印象裡，也存在於有限的使用者調查的樣本裡。這些碎片化的用戶地圖，都在曾經或多或少為企業和品牌提供了決策。然而這些憑藉感性、推理和有限調查研究的方法，既不系統也不夠科學。

DMP的出現，終於完成了為企業主和品牌提供完整用戶輪廓的強大功能。我們終於知道了，我們的消費者是誰，他們有什麼特徵，他們從哪裡來，他

圖 8-6　用戶標籤與用戶輪廓立體圖

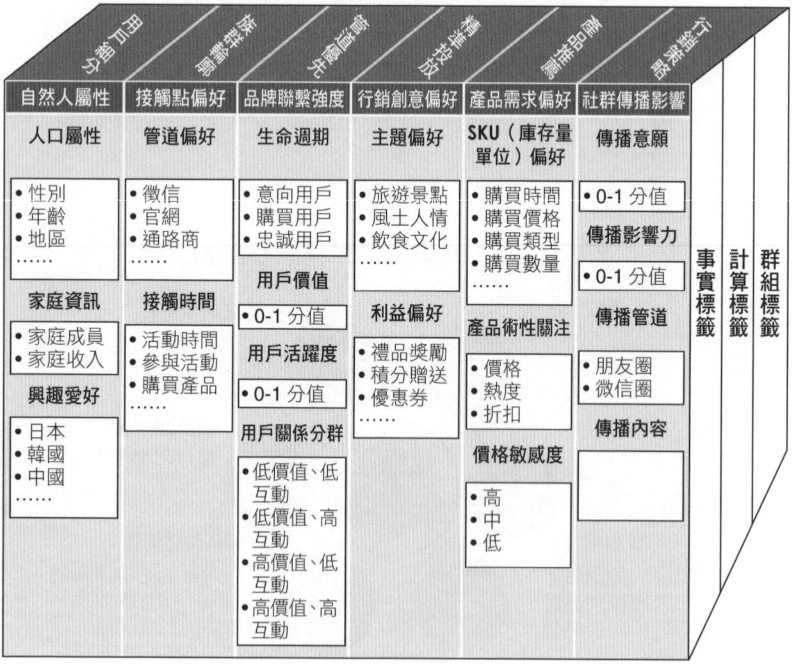

們為什麼購買我們的產品，他們在進行消費決策時關注哪些因素，如何更好滿足他們的需求……DMP的出現，終於讓企業將消費者行為、路徑、平台乃至全消費週期看得清清楚楚，進而為企業主和品牌提供科學、系統、契合市場和消費者的行銷決策與產品決策，甚至是企業戰略決策。

前述是DMP能為企業提供的終極價值和意義所在，至於為什麼企業要做DMP，我們可以從以下三方面予以解釋。

1. 用戶分析和定位投放。

透過DMP繪製出來的用戶輪廓可以運用於很多行銷場景。

對內來說，透過資料進一步細分人群，分析消費行為、路徑等資訊，配合行銷資訊打組合拳，可以有效提升新客轉化、老用戶提頻，啟動沉睡用戶，找回流失用戶。

對外來說，DMP透過Look-alike（相似族群擴展）的演算法，自動找尋到與目標相似度最高的潛在使用者，並且實現族群屬性、興趣愛好、時間地點、媒體平台的定位投放，輔之實現分類素材、廣告內容、標題、促銷資訊的分類展示，最大限度地優化投放效果，降低投放成本。

DMP的神奇之處還在於跨螢幕投放和對「人」的追蹤。當DMP發現這個人在行動端已被廣告資訊覆蓋五次，那麼PC端將不再向他展示。而當這個人上次瀏覽了廣告資訊，但沒有最終成交，那麼DMP會分析原因，在下一次展示時推送「一擊必中」的廣告資訊。這種定位投放和用戶追蹤的技術，讓浪費了一半的廣告費成為過去，真正做到每一分的投入都是物有所值，都是在和你的目標使用者進行溝通。

2.效果分析和價值判斷。

DMP為企業提供橫向的管道獲客成本、價值對比。不管是線上還是線下、直銷還是分銷，當DMP的資料打通以後，企業主可以即時統計和觀測各個管道的獲客數量、留資成本、訂單成本，以及獲客後，該管道消費者的持續貢獻價值。

神州專車在市場開拓期和多家品牌進行了投放合作。透過DMP的資料蒐集和分析，神州發現，和某知名母嬰機構合作的獲客成本低於其他管道四〇%左右，同時該族群新客月度人均訂單數高於月度人均訂單四．五%。另外，該族群中八%的用戶會產生附屬消費（為家人綁定神州親情帳戶，主帳戶儲值，副帳戶消費）。在活動即將到期時，神州果斷與該管道延長了合作週期。

後來神州研究發現，該管道的用戶族群都為孕媽，且該機構是母嬰行業裡的高端機構，所以該管道的孕媽對價格不敏感，願意選擇神州專車特有的服務——更安全舒適的孕媽專車。因為有良好的經濟基礎，她們很願意為家人的安全出行買單。所以在短時間內迅速地為家人綁定了神州專車親情帳戶。

透過DMP進行管道獲客成本、價值的橫向對比，形成企業自己的分析體系，建立分析模型，可以說明企業和營運人員高效評估各個管道的價值，並且及時優化、調整策略和投入比例。

3. 創意指導和效果優化。

廣告投放的成敗，不僅取決於「對的時間」（投放時間）、「對的人」（目標使用者）、「對的地方」（管道），更需要說「對的內容」（傳播資訊）。DMP實現了對不同人的追蹤，那麼必然需要個性化的廣告資訊與之匹配。促銷資訊、產品介紹、服務品質、使用場景、解決痛點等個性化、針對性的智慧資訊推送，會最大限度地吸引消費者，喚醒其購物欲望，提升廣告轉化率。

經過長期的數據分析、機器學習和模型計算，結合動態創意優化技術，DMP最終可以實現洞察人背後的需求，並且判斷他處於什麼消費階段（售前、售中、售後，還是流失），根據需求配對廣告資訊，達到智慧優化效果的目的。

前述三個投入即可獲得實質價值，已經可以充分合理地解釋為什麼企業主和品牌要做DMP。所以企業主和品牌應該儘早布局，以便在未來市場中更高效地攻城掠地。（圖8-7）

企業如何做DMP？

現階段，DMP的大資料理念是易於被廣告主理解的，但目前在中國企業主中卻鮮有成功的案例。

圖 8-7　用戶歷程設計與自動化行銷

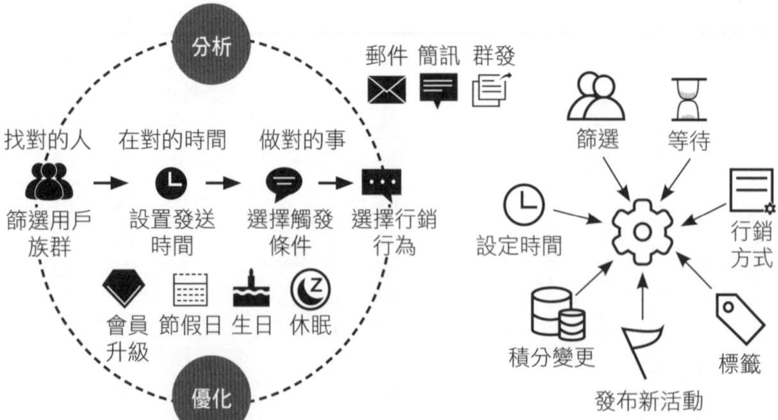

首先，費用高。從機房、技術、人力到投入，需要巨大資金的成本，並非每一個企業都有實力投入DMP第一方資料的建設。

其次，人才投入。DMP不僅需要解決技術層面的問題，更需要有專業資料人員進行分析管理持續營運維護，並將資料運用於實際的行銷場景。這就要求企業DMP管理人員要具備深刻的行業洞察力和對自己業務的深度理解力，以及對前端演算法和技術的精準掌握。

最後，耐心和遠見。很多大企業在DMP的思潮之下紛紛開始搭建自己的資料系統，但搭建過程中可能會涉及內部多個資料平台打通的問題，比如，業務部門支持度的問題，是否能找到專業人才對資料進行營運的問題，以及建成之後，是否能沉下心來持續投入的問題。

這些都是企業在自建DMP時實際面臨的困難和阻力。誠然，並非每個企業都需要自建DMP。所以企業在自建DMP時，需要評估自己是否真正需要，例如：汽車行業、奢侈品行業、出行行業等對細分人群有高需求的企業推薦自建DMP。另外，要做好投入評估，即企業是否有足夠的財力去構建DMP，切勿本末倒置，因為DMP系統的搭建影響了自身業務的發展。

以下和各位分享，當企業決定自建DMP時需要從哪些方面著手。

1. 高層發起，內部共識。

DMP的建立一般需要從CMO或CTO（首席技術長）層面發起，獲得CEO和業務部門共同的價值認可，將DMP在構建過程中的阻力降至最小。

2. 建立團隊，長期營運維護。

DMP不是一個小工程，企業內部應該組建一個小規模、靈巧的數位化團隊，這個團隊的人員組成應該有技術人員、資料分析師、行銷人員、業務人員和廣告媒介投放人員等。這個團隊的建立，確保資料分析的結論和報告能即時輸出，第一時間回饋給業務部門、行銷部門做決策調整。同時當業務部門和行銷部門需要做重點監測時，資料分析師可以重點關注。

3. 保證資料源源不斷地輸入和輸出。

企業主的資料是不斷累積的，並且透過非企業主和品牌自有資料的合作，可以不斷豐富自有資料。只有將這些資料不斷運用、監測、實踐和優化，才能不斷校準，讓DMP為企業提供更有價值的決策依據。

唯有源頭活水不斷，流量池裡的流量才能不斷流動，讓企業像滾雪球一樣不斷吸引新的流量進入。

前述我不惜筆墨地推薦DMP，不僅是因為DMP在當下能「急功近利」地幫助企業降低獲客成本，高效獲取新流量，更是因為我認為在未來的市場競爭中，資料和技術會成為行銷的主要手段，而DMP是其運用的底層平台。它幫助企業主和品牌獲取流量，營運管理流量，進而獲取更多有效轉化，這也符合流量池思維的核心思路。

第 9 章

獲取搜尋入口的大流量

雖然數位廣告投放仍存在一些「黑洞」問題，但不可否認的，一旦企業建立起數位廣告投放的宏觀概念，能清楚不同投放的組合方法和基本技巧，很多問題就可以避免。

除了利用常見的投放管道獲取流量，基於搜尋網站的廣告及優化，也是企業快速獲取流量的低成本入口。

我們知道，不同於PC時代的網頁互聯互通，移動手機上的App基本上是一個個的資訊孤島，傳統島鏈效應很難打通，甚至已經失效。現在很多App也會提供自己的內部搜索工具，手機百度已經很難一統江湖。今天無論是在愛奇藝裡搜片、在鏈家網搜二手房、在QQ音樂裡搜一首歌、在知乎裡搜尋專業答案，還是在豆瓣裡搜尋最新電影評論，手機用戶已經逐漸脫離了PC端的搜尋習慣。當然離流量變現更近的搜尋目前主要還是集中在搜尋引擎平台、電商平台和App應用商店。

我們在第八章已經比較詳細地闡述了SEM的投放特點和技巧，其本身就屬於搜尋行銷中的核心手段。但是由於點擊成本的昂貴，除SEM外，企業也會使用一些投入較少、效果較好的行銷搜尋方式。

其中，SEO、ASO（應用商店優化）、電商搜尋（主要基於天貓電商）就是比較常見的方式。

SEO：大流量的起手式

SEO（搜尋引擎優化），是指為了從搜尋引擎中獲得更多的免費流量，從網站結構、內容建設方案、使用者互動傳播等角度進行合理規劃，使網站更適合搜尋引擎的檢索原則的行為。

目前主要有兩類SEO：一類被稱為「白帽SEO」，這類SEO具有改良和規範網站設計的作用，使之對搜尋引擎和用戶更加友好，並從中獲取更多合理的流量；另一類被稱為「黑帽SEO」，這類SEO行為透過利用和放大搜尋引擎的策略缺陷（實際上完美的系統是不存在的）來獲取更多的用戶訪問量，而這些更多的訪問量，是以傷害用戶體驗為代價的。所以面對黑帽SEO行為，搜尋引擎會透過一些策略進行遏制。

SEO的優勢

和SEM不同，SEO可以免費任意點擊，這樣做的好處有三點。

企業可以減少行銷成本

一般來說，SEM和SEO會進行互補性投放。有統計顯示，在競價排名時有五〇%以上的點擊來自競爭對手的惡意點擊，這樣企業不僅無法得到有效的潛客資訊，還會因此損失一大筆行銷費用。而SEO可以規避百度惡意搜尋，為企業帶來免費的搜尋點擊，低成本地帶來大量的目標客戶。

彰顯品牌優勢

透過有效的SEO投放，可以讓網站資訊出現在搜尋引擎的搜索結果前列，讓用戶在搜尋過程中產生品牌「有價值、有實力」的直觀印象。而且做好品牌SEO，不僅可以受用於百度一家搜尋引擎，在360、搜狗、谷歌等知名的搜尋引擎上也能有很好的排名，可以起到一箭多雕的效果。

一次投資，長期有效

一般情況下，企業做一次SEO優化至少可以保持半年以上的良好排名，大大節約了企業的行銷成本。

SEO 優化技巧

在 SEO 優化技巧上，可以分為結構優化、內容優化、內鏈優化和外鏈優化四大內容。

結構優化

1. TDK 優化。這裡的 TDK 並不只是指首頁，還有欄目頁和文章頁的 TDK，這就是建網站的時候選擇自訂標籤的原因。T（title，標題），網站的標題非常重要，如果 TDK 滿分為十分，T 要占到七分左右。標題是蜘蛛[1]過來第一個要看的東西，是第一印象，標題必須包含關鍵字，即網站的功能，網站是做什麼產品或服務的。標題要語句通順，不要堆砌關鍵字。D（description，網站描述）是對標題的補充。K（keywords）即關鍵字，欄目頁和文章頁的 TDK 在後台具體欄目的高級設置裡都可以找到。

2. 必須要有 301 重定位和 404 報錯頁面的製作。

3. 目錄層級。即打開一個頁面要多少層級，這一點很多網站都忽略了。建議目錄層級在三級以內，減少蜘蛛爬取需要的時間。

---

1 蜘蛛又稱網路爬蟲，是一個自動提取網頁的程式，它為搜尋引擎從互聯網上下載網頁，是搜尋引擎的重要組成部分。

4. 關鍵字布局及密度。即根據使用者瀏覽頁面點擊的熱力圖發現的點擊熱區，進而將關鍵字部署到相應地方。

5. 四處一詞。即TDK＋尾部或錨文本。

6. 網站導航。即主導航、次導航和麵包屑導航，包含關鍵字、突出重點、使用純文字，要和相應的TDK保持一致。

內容優化

內容優化主要是指文章的品質要高，即使不是純原創，至少也是高度偽原創。偽原創要選取未收錄的或封鎖搜尋引擎的網站上的文章，抑或是翻譯過來的文章，讓蜘蛛判斷為網站原創，加大收錄機會。

內鏈優化

內鏈優化就是增加站內的連結密度，像蜘蛛網一樣，越密集越好。最常見的就是首頁、欄目頁和文章頁的相互跳轉，LOGO的連結，文章頁使用分類標籤和上一篇、下一篇或相關文章，增加頁面間的連結數和相關度。

外鏈優化

外鏈優化的一個原則就是內容相關、循序漸進，很多人為了迅速增加外鏈便瘋狂添加，但是權重升不上來的原因也在於此。外鏈的主要方法就是增加友情連結，但是要考察增加的友情連結品質，包括PR值[2]、是否有nofollow[3]等標籤。網站的友情連結數通常在三十個左右，如果超過五十個，並不會對你的網站有多少價值，相反還可能把你的權重更多地分給友情連結。除了友情連結，增加論壇、新聞、部落格、社群網路服務（SNS）、業配文的相關連結也是增加網站外鏈的方式。

ASO：最後十米的流量攔截

ASO（應用商店優化），顧名思義，就是利用應用商店裡的排名和搜尋規則，讓App

2 PR值全稱為PageRank，是用來表現網頁等級的一個標準，級別從〇到十。
3 nofollow是HTML頁面中a標籤的屬性值，這個標籤的意義是告訴搜尋引擎不要追蹤此網頁的連結或不要追蹤此特定連結。

更容易被蘋果用戶搜索到的推廣技術。

目前 App 搜尋已經成為 iOS 應用第一大分銷管道。自二〇一三年以來，隨著應用商店優化的快速普及，與外部推廣事件協作優化、相輔相成、相互影響，共同提升搜尋結果露出，已經成為眾多應用首選的推廣方式。

應用商店優化可以提高品牌 App 的露出頻次，進而提升曝光及下載量，同時可以在用戶搜尋相關行業詞時具有品牌攔截的作用。由於應用商店優化面對的是主動搜尋應用的用戶，所以用戶更加真實、精準，有真實使用需求。相較於洗榜、積分牆等推廣方式，應用商店優化具備用戶真實、推廣安全、效果可持續的優勢。

截至二〇一六年底，蘋果應用商店已擁有超過兩百萬款應用，累計下載量達到一千三百億次。同時蘋果官方透露，在這些下載量中，有六五%是透過搜尋實現的。在中國，蘋果應用商店還未實現廣告付費形式，所以只能透過搜尋優化實現 App 的有效推廣。

讓我們回到生活場景中來看待應用商店優化的問題。試想一下，我們自己是手機用戶是如何在應用商店中下載一款應用程式的？

朋友推薦，或者看到廣告推廣，或者透過其他管道得知某類應用程式，然後打開應用商店，搜索，看 App 的知名度和點擊下載數量，選擇知名度高的或下載量多的 App 下載使用

——這是搜尋形式的下載。

抑或直接打開應用商店，看榜單第一頁，如果在第一頁中找到了就直接下載，沒有的話再透過搜尋品項完成下載——這是瀏覽形式的下載。

這個時候，如果你的競爭對手實現了應用商店優化，極有可能你的潛在客戶在搜尋相似 App 的時候就會被競爭對手截流。

截流的主要方式是**對高熱度行為詞**、**品牌詞**、**競品詞等進行攔截壟斷**，**使這些應用占據搜尋排行第一**。比如在二〇一五年應用商店出現了一些猖獗的洗榜現象，當用戶搜尋 QQ、微信等這些熱門的品牌詞彙或一些高熱度行為詞時，會出現一些不知名的奇葩 App 占據尋索第一的位置。蘋果為了確保自身權重，對這一大規模侵權行為做了嚴肅處理整治。

以下是一些應用商店優化的應用優化技巧，也可以自己搜尋相關文章擴展閱讀。

- 透過工具和熱詞庫分析目前的關鍵字分布。
- 分析目前關鍵字的權重值和搜尋結果數排名。
- 對競爭對手做關鍵字分布分析。
- 關鍵字露出對比和排名對比。

- 制定合理標題和關鍵字的結構。
- 挑選權重高和搜尋結果數少的詞優先優化。
- 合理利用空間和與用戶群匹配。
- 利用蘋果商店規則進行組詞和分詞優化。

要注意的，應用商店優化僅僅針對蘋果 iOS 系統手機而言，針對安卓手機，應用商店分發（比如應用寶、360 手機助手、百度手機助手等）優化規則基本相同，且大部分安卓應用商店已提供競價排名、應用牆等付費廣告形式，比蘋果應用商店更加商業化，企業可直接選擇廣告合作。

電商平台的流量獲取技巧

對於電商而言，**搜尋**、**活動**、**付費推廣**都是可以為電商引流的入口管道。

透過搜尋優化，可以讓產品免費呈現，獲取相對準確的用戶量。活動的好處是面向的用戶量越大，自然獲得的流量就越多。付費推廣，就是花錢購買廣告，這樣的手段可以實現精準投放，獲取更準確的潛客。而近幾年，淘寶致力於內容電商的轉化，透過直播或基於平台的原生化的新媒體內容來提高使用者黏著度，以及增加用戶的平台使用時間。

這些小技巧可以讓忠誠顧客養成訪問店鋪的習慣，也可以比較輕鬆地打造爆款，帶動全店流量。

電商搜尋流量

電商搜尋流量的引入可以分為四個維度：**產品標題優化、資料優化、大方向優化和定位優化**。

產品標題優化

產品標題的確定是非常有技巧的，完全可以影響搜尋結果。用京東和淘寶兩個平台舉例，淘寶是三十個字元，京東的標題是四十五個字元；淘寶的標題允許關鍵字堆砌，京東不行。一般來說，用戶會選擇用品牌詞、品項詞等關鍵字進行搜尋，而用更準確的描述性的詞作為長尾詞進行精準匹配。

比如，我們在淘寶上輸入「茶葉」這個關鍵字，可以看到：特級鐵觀音高山蘭花香安溪鐵觀音茶葉、小青柑宮廷陳皮普洱茶葉新會小柑橘桔普、金駿眉茶葉蜜香型紅茶武夷山桐木關金駿眉、丁香茶長白山丁香紅茶花茶丁香紅葉茶……

這些都是很多商家慣用的方式，大家普遍認為關鍵字越多，搜尋到的機率越大。但實際情況並非如此，由名詞堆砌起來的標題在閱讀上並不通順，大大降低了消費者的購物體驗。

在產品標題優化上，我建議：

1. 根據自己產品的特點、買家的需要和搜尋習慣設置產品標題關鍵字，充分利用標題關鍵字字數，避免標題中空格多或關鍵字堆砌，比如，「新車特價」、「新車特惠」兩個詞可以優化為「新車特價優惠」，省略字數以便填寫更多其他關鍵字。

2. 利用淘寶指數、百度指數等工具分析並找出人氣指數高、搜尋頻率上升快的詞，優先使用。

數據優化

電商平台做自然排名，最重要的是人氣權重。人氣權重裡銷量、轉化率、銷量成長率、轉化率的穩定性等權重占比極高，需要人為引導客戶下單流程或透過補單優化以上資料。在初期流量有限的情況下，轉化率及銷量成長率從行業平均水準，可逐日逐步提高至高於行業均值三〇%左右，各項資料均處於螺旋上升。總之，迎合電商搜尋規則演算法，產品的自然搜尋排名即可穩步提升。

大方向優化

現在各電商平台均注重無線端流量，無線端各項資料在搜尋排名中占的比重越來越大。企業可以在總流量及銷量沒有大提升的前提下，設置相應無線端專享優惠，提升無線端各項資料，迎合平台的大方向，提高搜尋排名。

定位優化

各電商平台的自然排名一般分為人氣排名、銷量排名、自然排名等情況，根據產品自身找準優化定位方向，初期從人氣或銷量爆款突破，後續再轉為全面開花突破。

電商活動流量

做活動是帶來豐富流量最直接的方法，只要商品選擇沒問題，轉化率一般都可以很高。「雙十一」、「雙十二」、「六一八」、「聚划算」、「淘寶新勢力週」等，都是大家熟知的電商節日或電商平台活動形式。這些活動一般都能讓商家品牌達到超量曝光，增加店鋪流量和銷量，迅速得到目標顧客第一手的資料資訊。

同時店鋪在火爆的諮詢和購買狀態下也能獲得很大的提升和成長，活動後還可進行二次行銷，並以買家分享和店鋪達人等方式進行軟性行銷。參與電商平台活動前首先要想好活動目的，然後根據目的制訂活動方案。活動給商家帶來的好處大致有以下幾個方面：

- 清庫存。
- 累積銷量和評論，增加流量（提高搜尋排名等）和提高轉化率（銷量高、評論好）。
- 關聯銷售。
- 累積用戶，後期想辦法提高老用戶回頭率（對重複購買率的產品累計使用者意義不大）。

- 提高品牌曝光度，增大知名度。
- 發現產品、客戶、物流等環節的缺點並加以改善。

以神州買買車「雙十一」案例來做說明。

二〇一六年「雙十一」，神州買買車處於新品牌啟動期，於是他們確定以「爆款造節」為核心手段，借助天貓「雙十一」為品牌啟動點。

電商營運人員為此策劃了「五十輪 Cruze 半價，買就送 iPhone 7」的「雙十一」主題活動方案。激進的活動策劃，加上優質的素材展示，使得神州買買車的活動素材在雙會場中的點擊率是其他同行的二．七倍，排名汽車頻道流量第一。

除活動本身，策劃人員積極爭取更多電商活動入口位置。由於活動給力，爭取到了在天貓和淘寶 App 的免費首頁位置，這兩個流量以千萬計的首頁位置，成為此次造節活動的最大驚喜。

除阿里內部流量外，神州買買車也在一百二十多家線下門市所在城市開展了大規模外拓外展活動，提醒用戶「雙十一」當天搶單抽獎 iPhone 7，這些線下悄悄地推展給線上天貓旗艦店帶來了可觀的補充流量。

同時充分利用集團內部「神州專車＋神州租車」資源，給專車和租車客戶進行活動簡訊推送及專車租車App首頁。

再加上微信朋友圈、廣點通、百度SEM等其他線上推廣手段，循序漸進地將各種流量導入到「雙十一」活動中來，透過足夠的活動噱頭及裂變方式啟動這些流量使用者，讓這些用戶成為本次活動的最佳傳播者。

最終整個「雙十一」活動的曝光量達到了二．六億，熱銷Cruze單款車型收穫了八千九百六十五張訂單，神州買買車當天總訂單金額突破八億人民幣，獲得「雙十一」當天汽車類目流量第一、單品銷量第二的好成績，引爆了汽車行業。神州買買車這個全新品牌，借助天貓電商節創造了完美亮相，效果超出之前的預期。

付費推廣流量

電商的付費推廣是近年來平台增加的新方式，平台從最初的透過佣金帶來收入，逐漸發現流量的珍貴性，進而改變了商戶獲取免費流量的方式，加上競爭激烈，電商企業投入一些可觀的費用做一些精準投放獲得流量也就成為常態。

以天貓為例，常見的付費推廣方式有直通車、鑽石展位和淘寶客。

直通車（CPC計費模式）

眾所周知，直通車是一個精準引流工具，而且是一個比較受大多數電商企業青睞的引流工具。現在天貓的「千人千面」已經上線，直通車帶來的流量會越來越精準，所以要合理利用直通車。直通車投放需注意以下細節。

1. 選詞和養詞。

關鍵字要多添加，並且以精準詞、長尾詞為主，適當添加熱詞，這樣可以在養詞的同時保持店鋪的流量。在關鍵字出價方面，建議可以按照關鍵字的市場均價出價，無線端的出價建議為PC端的一．三到一．五倍，觀察資料回饋情況後再做適當的調整，逐步做到在日限額內獲得更多的流量。

2. 精準的城市投放，提高點擊率及轉化。

直通車的排名是根據出價、點擊率等綜合資料，並非出價高就一定在前，因此在投放時要有相應策略。前期為了提高直通車的排名，可以把一些無效展示量大而點擊率低的城市刪除，等各項資料上來以後再陸續放開。

3. 巧用定位。

現在是大數據時代，網路會根據客戶的購物習慣、地域和年齡等資料來給客戶的個人喜好打標籤，進而給客戶推送最適合想要的寶貝。商家要充分利用客戶的標籤，對客戶進行定位推廣，可以極大提高投入產出比。

鑽石展位（CPM計費模式）

鑽石展位（即鑽展）主要是以圖片展示位為基礎的全網精準流量即時競價平台。覆蓋的淘寶、天貓、微博、網易、優土等幾十家阿里系內系外的流量優質展位，是電商最常用的引流模式。

鑽石展位推廣注意事項如下：

1. 素材。

設計圖片要有創意，吸引眼球，誘導點擊，產品賣點不宜太多，一兩個足矣，但注意：

- 限制時長的文案禁止使用。鑽石展位的廣告圖片中一律禁止使用「最後一天」、「僅此一天」、「限時一小時」等限制時長的文案。
- 模糊、欠美觀的圖片需注意。在審核標準日趨嚴格的情況下，千萬不要抱有僥倖心理，文案也不允許太多（不超過三十字），文案字型大小不能超過三個大小幅度，字體顏色最多只能有兩種。
- 「外貿」、「日單」、「尾單」、「仿貨」等敏感和品牌模糊的字眼不能出現。無法判定真偽的表達用詞嚴格禁止使用。不要因為產品有優勢而忽略圖片，導致圖片審核不通過。
- 禁止使用圖片拼接。創意中禁止使用任何形式的圖片拼接，中間不論是否斷開均不可以通過。
- 最高級別的文字描述。禁止使用「最低價」、「最佳」、「獨家」、「領銜」、「第一」等最高級別的描述。

2. 定位投放。

鑽石展位提高流量轉化的主要技巧是做定位投放，商家可以自行在帳戶後台的行銷推廣中心進行定位設置，包括訪客定位、群體定位、興趣點定位等。

訪客定位是最好用的定位投放方式。**可對店鋪感興趣的人進行投放，這些人可以是店鋪本身的訪客，也可以是同行店鋪的訪客**。找同行店鋪的時候需注意：同行店鋪的產品要和我們的產品一致，同行店鋪風格和族群受眾年齡要一致，同行產品客單價範圍和我們的產品客單價一致。

族群定位是系統根據買家訪問、搜尋、收藏、購買等行為，把買家接下來最有可能購買的類目分為高、中、低三種價位，然後店家可結合自己的產品特點，給不同族群推送廣告。

興趣點定位可以針對自己店鋪的人群興趣點定位，找到客戶喜歡的興趣點進行投放，算是族群定位加強版，流量相對精準一些，但獲客難度比較大，除非你對自己店鋪的族群喜好非常了解。

此外，天貓還提供了DMP定位、場景定位等，此處不一一贅述。

3. 著陸頁。

保持用戶在點擊廣告進來後瀏覽中需求的關聯性，著陸頁是重中之重，需要不斷測試優化，降低成單成本，找出最優方案（第十章詳細說明）。

淘寶客（CPS 計費模式）

簡單地講，淘寶客就是阿里巴巴旗下的分銷機制，每個人都可以分銷淘寶和天貓上的海量商品，幫助商家促進銷售。淘寶客只需要在後台獲得推廣商品的連結，把這個連結推廣出去，有人購買，就會獲得相應佣金。淘寶客的優勢是按成交付費，不成交不用花錢，但店鋪和產品獲得了更多免費被推薦的機會。

第10章

著陸頁是第一生產力

當我們獲得了流量，當使用者來到了我們的產品頁面，當使用者進行了一次有效的點擊，這個時候，我們的行銷就大功告成了嗎？

不。

在我看來，萬里長征才走完了第一步。假設這一次點擊，我們要付出一元的點擊成本，而如果在著陸頁上，用戶並沒有最終購買我們的產品或者至少留下他的電話，那所有的工作其實都是白費的，一元就是一〇〇％的支出。

現在主流的數位廣告，展示其實都是免費的（搜尋比價、資訊流），只有點擊才會付費。如果著陸頁不能最終完成轉化，那我們還不如做純展示，至少後者是不付費的。

所以我經常說，著陸頁才是數位廣告轉化的第一生產力。

不同於廣告創意的天馬行空，標準化的展示和有效的素材資訊歸納是每個行銷人的基本功。在投放數位廣告時，如果著陸頁的外部素材、展現資訊或者內部引導邏輯不順暢，都可能導致企業之前所花費的獲客成本白白浪費。

本章我們就來探討一下如何做好著陸頁。

著陸頁：行銷基本功的修練

很多企業在行銷的過程中經常會遇到這樣的情況，企業做了很多的數位廣告投放，也做了很多優化的工作，投放頁面每天的流量和點擊消費都很高，可是客戶的留資量和購買率就是上不去。

而且很多企業都覺得花錢推廣了就應該有客戶，當客戶透過數位廣告投放或者其他路徑進入著陸頁後，推廣的目的就達到了，客戶理所當然就會選擇購買。這種想法十分錯誤。

著陸頁是企業最容易忽略卻又最重要的一環。

著陸頁指的是消費者看到廣告 banner 後，透過點擊跳轉連結後出現的第一個頁面。在行動端，資訊流廣告是快速的廣告呈現方式，而著陸頁則起到承接流量、轉化用戶的重要作用，是行銷過程的終端環節。

著陸頁不是創意稿，一定要從產品和行銷的整體策略出發去考慮。如何提高用戶的瀏覽量、留存時間、轉化率，都需要不厭其煩地反覆推敲。一個著陸頁設計好壞的考核標準是資料，是觸達使用者後真實的留資量、成單量，所以設計著陸頁要把目標做為終點，將每部分素材整合起來看，連成一條整體的行銷線性思維，引導使用者完成轉化。

在設計著陸頁時要將「盡可能蒐集有效的使用者資訊」做為第一要義。這麼做的目的是便於在後期的營運活動中啟動或者召回用戶，讓用戶持續與你保持聯絡。

著陸頁通常分為兩種類型。

點擊型著陸頁

顧名思義，點擊型著陸頁就是在著陸頁上會有按鈕項讓使用者點擊跳轉到電商頁面（如京東、淘寶、企業官網等），這種著陸頁具有流量承接的作用。當流量被接引到網頁上後，用戶透過點擊上面的按鈕進行下一步操作，它承接了整個流量，為其他頁面做分發和轉化。

線索生成型著陸頁

這種著陸頁的頁面設置是一個資訊表，當推廣帶來的流量進入著陸頁面時，這個頁面可以快速蒐集使用者基本資訊，使用者需填寫相關身分資訊。

圖 10-1
掃描 QR Code 觀看「御駕黑卡」H5 創意著陸頁展示頁面

比如神州優車集團和浦發銀行聯合推出的「御駕黑卡」H5創意後面的著陸頁，就是點擊型和線索生成型著陸頁的複合使用案例。（圖10-1）

掃描QR Code後，可以看到在這個著陸頁中，第一張點擊型著陸頁起到了承接前期創意引流的作用，透過「現在辦卡，永免年費」的利益型誘導按鈕，將使用者引流至第二張著陸頁。

而第二張著陸頁則起到了明確的資訊蒐集和線索生成的作用，透過操作流程指引使用者完成信用卡的線上申請辦理。

著陸頁有沒有效，比比案例就知道

著陸頁的效果要從不斷的投放實踐中獲得，只有在不停的投放中優化頁面結構布局和文案，才能得知哪些文案對用戶有絕對吸引力，哪些畫面可以快速傳達品牌或活動資訊。

案例一：神州車閃貸著陸頁

神州車閃貸的著陸頁從開始投放到當前版本，一共改動了八遍。第八遍時，使用者進入頁面後撥打電話諮詢數量比第一版時增加了三三〇%。

這個著陸頁看起來很普通，它到底好在哪裡呢？它實際上包含了高轉化頁面的一些必要元件。

品牌展示

上頭的紅色區域是神州車閃貸的品牌展示區。這一部分簡單、直接地給出品牌資訊，用文案告知用戶只要有車就能在神州車閃貸上貸款，而且貸款速度快。具有吸引力的圖像，增加了用戶信任。

產品口碑

在品牌資訊下部有一行小字「已成功幫助×××人解決資金難題」。這部分其實解決的是口碑問題，是品牌的業績展現，目的是給使用者一個承諾，打消顧慮，加速購買決策。

引導留資一

「撥打諮詢」的按鈕一定要放在最重要的視覺位置，而且這個按鈕是不斷跳動的GIF格式，目的是進一步引導使用者撥打電話進入，提升線索的整體品質，大幅度增加撥入的獲客量。

核心賣點

將產品的四個核心賣點（如「兩小時」等）在首頁展示，扁平化的ＩＣＯＮ第一時間打動客戶。注意，用ＩＣＯＮ的方式表達賣點，比純文案看起來要簡潔、清晰很多。

引導留資二

在著陸頁上還設置了一個「電話申請」的留資按鈕，不放過每一個留資衝動。

產品案例

還可以看到詳細的案例展示，目的是要說服使用者。案例中的配額由低到高，匹配更多的用戶需求。

權威認證

將集團及其他子品牌做背書，進一步打消客戶的顧慮。

案例二：大眾進口蔚藍旅行轎車禮遇活動

這個案例來源於「汽車之家智慧行銷」微信公眾號二〇一六年九月二十八日的推送。因為這個案例很具有代表性，幾次修改後轉化效果也十分不錯，特此引用供讀者參考。

這次活動投放測試持續了五天，做了三版優化頁面，優化第一版和優化第三版的轉化率都有不同程度的提升，即八・六%和一三・五%優化第二版較原版下降，即三・五%。（表10-1）

頭圖：壓縮標題字數，突出優惠政策，擴大頁面占比

頭圖是著陸頁的第一眼，需要簡潔明瞭地讓人了解頁面內容。

導航：先放最重要的銷售線索資訊

著陸頁的目的是蒐集更多的銷售線索。

文案：內容文案精簡

文案是把核心資訊全部挑出來，其餘都放到「查看詳情」的浮層頁中。

表 10-1 大眾進口蔚藍旅行轎車禮遇活動投放測試

	原版	優化第一版 提升 8.6%	優化第二版 下降 3.5%	優化第三版 提升 13.5%
頭圖	標題 28 個字：優惠無體現	標題 18 個字：優惠有體現	標題 18 個字：優惠有體現	標題 18 個字：優惠有體現
導航	經銷商資訊在試駕前	試駕在經銷商資訊前	試駕在經銷商資訊前	試駕在經銷商資訊前
活動介紹文案	>100 個字	32 個字	32 個字	32 個字
預約試駕標題文案	預約試駕	免費試駕	免費試駕	有獎試駕
表單提交按鈕文案	確認提交	即刻免費預約	即刻免費預約	即刻免費預約
表單字段數	7	6	4	6
獎品與表單位置	獎品在表單上	獎品在表單下	獎品在表單下	獎品在表單上
隱私條款多選框	默認未選中	默認選中	默認選中	默認選中
車型亮點	無	有	有	有
諮詢熱線電話	文案中，不可點擊撥通	單拎出來，可一鍵撥通	單拎出來，可一鍵撥通	單拎出來，可一鍵撥通
視覺風格	車圖小；有底圖，有底色	車圖大；無底圖，純白底	車圖大；無底圖，純白底	圖小，無底圖，純白底

視覺風格：主題突出、扁平、乾淨、大留白

視覺形象對品牌形象有著直觀的衝擊，頁面簡約，使用者自然會發散聯想到品牌大器。

百雀羚的洗版案例如何做著陸頁轉化

百雀羚廣告是一條教科書級的行動廣告案例。雖然創意形式達到了洗版級別，但是效果轉化卻引發大量質疑，並引發了業內傳播效率和轉化率的大範圍討論。

本書前文也多次提到該案例，這裡僅從著陸頁的角度來看看如何改造，即行銷行為如何在擁有巨大流量的情況下完成效果的轉化。

這是該廣告最後的引導購買提示資訊，從銷售轉化角度來看，這種引導資訊是無效的。

「不要讓用戶去思考，只要按照明確指示完成簡單的操作」，是一個行銷執行團隊必須具備的基礎意識。給使用者製造太多關卡，或者操作步驟太過繁雜，絕對會損失大部分流量。

我們看看這裡的指示步驟：

第一步，回到廣告中，找帶有「百雀香粉」的看板。

用戶花了三到五分鐘的時間看完了廣告，已經知道整個廣告的故事情節，你讓他返回去找到提示資訊，不太可能。

第二步，截圖，進入天貓旗艦店找到客服，兌換優惠券。

找到提示資訊後，消費者需要完成「截圖——打開天貓——搜尋到『百雀羚旗艦店』——找到客服——兌換優惠券」整個流程。

行動指示的最終目的是為了兌換優惠券，但是在兌換之前至少要有五六步的操作，一般消費者看到這裡自然就放棄了。

假設在廣告結束的時候，直接告知消費者活動促銷資訊，並且附上二維碼，長按識別，跳轉到京東銷售頁面完成購買，或者在活動領券頁面支付相應金額的定金，領取優惠券，確定購買時支付尾款，都能完成流量承接和效果的迅速轉化。

著陸頁邏輯架構的六大要素

著陸頁的邏輯架構一般由六個要素組成。

整理出核心賣點和品牌、活動資訊

著陸頁的頭部是展現品牌、活動的核心賣點及重點資訊的位置，其作用是簡單、直接、快速、有效地告知訪問者：我是誰，我能提供什麼價值，我和其他同款產品的差異是什麼。要用最簡短的畫面構成、最直白的話術迅速打開與消費者的溝通局面，完成最直接有效的資訊傳遞。

品牌的整體印象與產品口碑

對於大部分消費者來說，著陸頁其實就是對品牌第一印象的認知。一張優質的品牌圖片，勝過一大段的文案描述，所以著陸頁的設計構圖一定要遵循簡單、直白的原則。頁面設計雜亂、提示資訊不明確、操作流程邏輯冗雜，都會對第一印象產生極大的影響。著陸頁要盡量突出其他使用者的使用情況，比如，已經有×××用戶註冊使用，已有×××用戶在平台上下單購買等，這些資訊極大地利用了人們的從眾心理，可以促成更多的用戶轉化。

消費者益處

從消費者的角度思考，是行銷人員應該具備的基礎素質。消費者考慮最多的事情就是「你的產品能給我提供什麼服務，或者提供什麼不同的獎勵刺激」，而不是「你的產品的規格型號是什麼」。

消費者在瞬間的瀏覽中，不會仔細關注產品的規格、功能或者企業詳細資訊，而是需要直接看到產品能為他提供什麼服務、帶來什麼價值、企業能有多大的優惠強度，以促使他完成衝動型消費。

權威認證

權威認證也叫社會證言，這其實是消費者的一種認知心態。看到一個並不熟悉的新產品或品牌時，尋找相對權威的認證或者社會證言會提升消費者的信任度，降低用戶使用的心理門檻和對資訊的疑慮。畢竟沒有任何一個消費者希望自己是新產品的「小白鼠」。

用戶留資

用戶留資是著陸頁最核心的作用，所有的工作目的是希望使用者註冊、購買或者留下他們的資料，完成流量到使用者再到銷售的轉化。

索取有效資訊

一定不要在著陸頁中索取並不需要的資訊，原因有二：第一，額外的資訊對企業來說是無用的；第二，資訊索取的越多，消費者對企業的規範程度越會產生懷疑。所以索取最關鍵的資訊即可（比如加密後的微信號碼、用戶手機號碼）。

用外部素材觸發消費行動

著陸頁起到的是承接流量、轉化用戶的作用，而著陸頁外部素材的展現則對用戶的消費行為具有最直接的觸發刺激。外部素材的好壞，直接關係到著陸頁的點擊率和轉化率。

一般來說，著陸頁的外部素材包括兩部分：圖片素材和文案素材。

圖片素材

我們用今日頭條來舉例，今日頭條的資訊流展現形式有三種：大圖、小圖和組圖。

總體來說，圖像資訊是人腦最直接的資訊接收來源，大腦處理圖片的速度比文字快六萬多倍。因此著陸頁的圖像素材使用一定要選擇最搭配的圖片，要讓使用者對企業推薦的產品或服務在一瞬間產生最直觀的感受。

在圖片素材的選用上，圖片清晰可辨認、重點突出不混亂、顏色搭配合理，是三大基本準則。

在選擇圖片素材的時候，有幾種常用的形式可以考慮。（表10-2）

場景式素材選擇

一般場景式素材的新聞感、原生感比較強。這

表 10-2 今日頭條的資訊流展現形式

	大圖	小圖	組圖
優勢	1. 視覺衝擊力大 2. 清晰表現元素特徵	1. 原生，更像一篇資訊 2. 價格便宜	1. 組合元素，創意表現連貫性 2. 可提供資訊較多 3. 原生性較強
劣勢	1. 太像廣告 2. 價格較貴	元素表現力有限	目前不支援應用下載
目標點擊率	2.5%～4%	1.5%～2.5%	2%～4%

類素材主打感性訴求，具有場景感和真實性特點。比如，利用真實拍攝、真實截圖，強化產品的使用、體驗、傳播和推廣場景。

這裡我要再次提醒，資訊流廣告的很多高點擊率，外部素材都採用原生感很強的圖片，要盡量避免「太廣告」和商業感，而要讓用戶感覺這就是一條新聞或社群分享內容。原生感強的圖片，往往能夠獲得更多的點擊，同時淡化用戶對廣告的防備心理。

福利式素材選擇

福利式素材一般來說對消費者的衝動性刺激較強，素材中會出現折扣、降價、優惠、返現、紅包等直接的福利性刺激。

告知式素材選擇

告知式素材助攻消費者的理性訴求，一般來說廣告性很硬，會直接出現品牌LOGO、產品圖、消費者好評紀錄、銷售截圖、證言等經常出現的畫面素材。

文案素材

文案素材是吸引流量最直接、最重要的部分，在廣告點擊率同樣的情況下，文案的好壞直接影響到轉化率的多少。

很多企業在投放資訊流廣告的時候都會陷入邏輯誤區，從自我視角出發絞盡腦汁地寫出一條完美文案，但是點擊率和轉換率都不理想。

舉個例子。

- 【簡約時尚歐美風格】櫥櫃任由你定製，邀你免費量房 設計安裝啦！
- 我的廚房還能空出這麼多空間，這效果美哭了！

這是針對居家裝潢設計的兩條資訊流文案，大家可以明顯地感受到這兩條文案視角的不同。第一條是企業在投放時最直接的「客戶視角」思路，而第二條是用戶在閱讀時的「使用者視角」思路。由於思路的不同，第二條文案的點擊率較第一條明顯高出二七三．九八％（資料來源：後廠村廣告局）。

不難看出，「客戶視角」和「使用者視角」是有很大差異的。在使用者視角的指導下，文案並不是直接給出產品賣點，而是要在梳理出產品賣點之後再進行用戶需求分析，最終完成匹配賣點和用戶需求的文案。

一般來說，「使用者視角」的文案素材有以下幾個特點。

一句文案一個賣點

很多人在準備文案素材的時候特別喜歡羅列賣點，覺得好不容易投一次廣告，不多準備點內容不夠實在。但這種做法是十分錯誤的，會給使用者帶去極大的資訊干擾。比如：

- 優化前：**小戶型**這樣**定製家具**，為家多出不止二十平方公尺（約六坪），還送**免費設計**！
- 優化後：**定製家具**後的小戶型，住成豪宅？這麼設計就對了！

優化前，文案涵蓋了三個資訊點「小戶型」、「定製家具」、「免費設計」，每個賣點都能直接吸引用戶點擊。但是一個用戶閱讀標題的時間只有幾秒鐘，這麼多資訊怎麼能被直接接收？所以只要在一個文案中主打一個賣點，鎖定不同的族群，推廣不同的賣點就好了。

前面優化過的文案主推「定製家具」，有這方面需求的用戶，看到後很可能點擊閱讀。

簡單易懂快速理解

大家看一下這兩句文案的優化前後對比。

- 優化前：**韓式半永久培訓**，正規職業證書，評委教學，包食宿，終身升級複訓，學費分期免利息。
- 優化後：像這樣的**美容培訓**，正規機構，畢業後實現年賺二十萬，還等什麼？

很明顯，優化前的文案提到了一個專業性的培訓術語「韓式半永久」，它究竟是什麼，相信很多用戶都不清楚。而且後面的資訊太多，使用者很難有共鳴和信任。優化後直接把專業術語改成「美容培訓」這種易懂的概念，能讓使用者快速接收到廣告資訊。

使用與使用者相關的資訊

在文案中盡量詳細地描述用戶所在地域、年齡、日期等相關資訊，這些資訊能快速捕捉到與之匹配的用戶，提高用戶和廣告之間的關聯度，進而對看到的資訊產生信任感，引發下一步動作。

比如，某交通票務App的文案：

- **××（地域）的朋友**：火車票也能線上劃位，用這個App就再也不用去火車站排隊啦！
- 據說，**很多××（地域）**朋友都愛去這裡玩，好玩又不貴！

如果我是當地的一名使用者，看到這樣的資訊就會激發點擊了解詳情的欲望。這樣的例子，用於促銷也很實用。再比如：

- **僅限××（日期）**，**北上廣**的朋友下載App註冊成為新會員即可享受首購半價優惠！
- **二十五歲的女孩子**注意了！護膚做到這幾點，想凍齡不是難事！

這些文案都有很明確的方向，可以直接切入目標族群，獲得較高的點擊率。

激發主觀動機

試想，在什麼情況下你的購買欲會很強烈？來看這樣的場景：

場景一：你坐在一家鞋店裡試鞋，店員特別熱情，態度十分友好，不厭其煩地給你介紹各種鞋子，翻遍倉庫挑合適的尺碼，跪在地上幫你試鞋。在這種情況下，即使沒有特別心儀的鞋子，你也會因為不好意思而買下一雙相對合適的。

場景二：你逛街的時候，路過一個玻璃櫥窗，看到展品中的一雙鞋子。那一瞬間，你就在腦海中幻想很多你穿著它的畫面，想好了把它買回家要配什麼樣的衣服和什麼樣的包，那雙鞋子上彷彿就寫著你的名字。但是當你準備購買的時候，店員告知你沒有合適的號碼，需要付訂金叫貨。這個時候，不管有多少阻礙，你也一定會想把它買回去。

第一種場景是透過情感綁架的方式，讓消費者不得不購買商品，消費者購買的不是產品本身，更多的是和利益無關的理由；而第二種消費完全是產品本身激發了消費者的主觀動機，刺激了消費欲望。

文案素材也是如此，要在眾多的新聞、消息中刺激到使用者的點擊欲望。

平等交流拉近關係

和用戶之間的平等交流是避免品牌過度包裝的最有效的溝通方式。以使用者的口吻敘述，以使用者的思維模式構想，就是快速拉近關係、獲得點擊的途徑。

比如，一句金融服務的文案是這樣的：

高額度貸款，十分鐘入帳！

很明顯這是從品牌自身角度出發的文案，用戶看到的第一眼就知道這是一句廣告。

但是如果優化成：

簡單借款急用錢怎麼辦？只需要身分證，高額度貸款放款速度快，十分鐘即可入帳！

優化後的文案，首先提出貸款用戶會遇到的問題——「急用錢」；其次給出了解決辦法——「只需要身分證」；最後才是自身產品賣點——「高額度」、「放款快」、「十分鐘入帳」。幾步設置，拉近了與用戶的距離。

用興趣提升專注感

假設一個場景，當你正在全神貫注地閱讀文章或資訊時，突然出現了和這類文章或資訊完全不搭的資訊推送，你下意識的做法肯定是看都不看直接關掉，而且還會感到厭煩。

比如，當你在滑新聞的時候，看到的都是：

- G20峰會今日召開，三大國際組織負責人呼籲貿易一體化。
- 「中國天眼」一週歲探祕，像保護眼睛一樣保護它。
- 我們簡單粗暴地分析了梅克爾連任和你有什麼關係。

然後出現了：

- 雅思考試不用愁，××機構，十一年口碑，一線名師授課。

你會有什麼感覺？直接忽視。

這樣的廣告觸達就是無效的。

如果這條文案優化成「二〇一七雅思考試將面臨重大變革，還不趕緊了解」，就會比較符合前述閱讀環境。使用者想要得到的是「更多相關資訊」，而不是看到產品的銷售。

事實吸引，不講原因

在很多情況下，告知使用者一個吸引人的事實，但是不告訴他們具體原因，是一種獲取點擊的很簡便的方法。

比如，我們看這兩句文案：

- 女人過了二十歲要保持精緻！不穿便宜貨，這裡的大牌不貴！

- 女人過了二十歲這樣穿，才能保持精緻！

這兩句文案的目的都是希望用「保持精緻」來打動目標族群——二十歲左右的年輕女性，但是在第一條文案中，很直接地指出了辦法——「不穿便宜貨」，答案已經給出來了，怎麼還會有點擊率呢？

接下來為大家總結一下優質與低質圖片和文案素材的特點。優質素材特點：

- 圖片素材清晰，色調舒適，具有一定設計感。
- 文案內容新穎，描述方式新奇，能引起使用者的好奇心理。
- 結合時下熱門話題、遊戲等使用者關注度較高的ＩＰ。
- 產品定位清晰，素材能準確捕捉定位目標的注意力。
- 文案與圖片內容相互呼應、相互襯托。
- 廣告文案及圖片展示內容與中間頁內容相關。

低質素材特點：

- 素材模糊，解析度較差，構圖粗糙雜亂，無設計感。
- 文案、圖片內容過於直白簡單，描述過於模糊，無法突出產品特點。
- 圖片與文案無明顯聯繫，或者與文案內容重合，無法引起使用者的瀏覽欲望。
- 展示商品重複、單一，用戶產生審美疲勞，降低了用戶的瀏覽欲望。
- 文案太誇張，有誘導用戶點擊的偏向，實際轉化較差。

第11章

直播行銷的流量掘金

二〇一六年是行動直播爆發的元年。二〇一六年上半年，直播 App 滲透率一路攀升並有持續上升趨勢，主要由遊戲、社群、秀場和體育類直播 App 拉動。

據統計，從二〇一五年第二季度起，中國行動影片直播使用者規模增速逐步加快，截至二〇一六年第一季度，影片直播使用者規模總量達到一．八六億，同比成長九〇%。資本對於直播領域的關注度也逐步提升，二〇一六年影片直播領域融資金額已超過十億人民幣。

直播平台僅用了半年時間，就完成了從網紅聚集向快消、電商、大眾商品、3C（電腦、通信和消費類電子產品）、製造業等品牌及產品的創新行銷平台的轉型，而之前廣告行銷行業在社群媒體平台上的成熟發展的時間是三年，這個行銷成長速度無疑是驚人的。雖然資本的熱度和受眾的關注度能夠輔助直播行業的快速發展，但是**行動直播最終能否為企業帶來高效、低成本的流量轉化**，仍有待進一步實踐和探索。

目前制約行動直播行銷發展的因素有兩點：第一，直播平台的內容不太具備沉澱性和黏著度，優質內容較少；第二，直播能為企業帶去品牌曝光，但銷量轉化未知。

企業只有把這兩點制約因素打通，才能真正實現行動直播行銷的流量轉化，否則很容易出現直播行銷只有品牌曝光量而沒有實際銷量的情況。

我們先來了解直播平台的整體環境和玩法規則。

直播行銷：邊看邊買邊分享

直播並不是偶然出現的新鮮事物，從二〇〇五年的秀場模式直播開始，互聯網直播的演變過程經歷了三個重要階段。

第一階段：直播一．〇——秀場模式。

從二〇〇五年開始，網路直播市場隨著互聯網模式演化起步，以ＹＹ、9158、六間房為代表的直播平台在ＰＣ端開啟了傳統秀場模式的直播一．〇階段。秀場模式是直播業態的根基，建立在用戶對他人窺私欲的需求之上。

第二階段：直播二．〇——電競遊戲直播。

二〇一四到二〇一五年網路直播市場進入新一輪的成長發力期，以電競遊戲直播內容為主，向著垂直細分的領域更深層次發展。虎牙、戰旗、鬥魚、龍珠都是這一階段的代表平台。

第三階段：直播三．〇——泛娛樂行動直播。

二〇一六年網路直播真正迎來飛快發展的爆發期，用戶和主播都可以脫離個人電腦，而透過行動手機直播App實現移動秀場直播。這一階段的直播平台可謂百花齊放，除了映客、花椒、一直播等知名直播平台之外，很多垂直領域也紛紛上線了直播功能，如淘寶、天貓、陌陌、脈脈等。與此同時，百度、阿里巴巴、騰訊也向行動直播發力，開啟了行動直播領域的布局劃分。

「輕量」、「多元」是這個階段直播的關鍵字，直播行銷也逐漸成為企業和廣告主看重的傳播趨勢力量。

透過二〇一六到二〇一七年這兩年的直播平台混戰，我們基本上可以看出直播平台具備吸「粉」快、占領用戶流量快、滿足用戶獵奇心理、配合社群平台迅速傳播相關話題等特性，而這些特性恰好和行動行銷部分屬性相符。

直播可以快速製造新鮮的熱點話題，促成巨大的流量獲取和傳播效果，這一點和社會化行銷具有相似的特性。同樣，大量碎片化資訊覆蓋、傳播週期縮短、用戶興趣降低，這些出現在社群平台上的問題，在直播平台上也存在。

用戶受眾分析

中國互聯網路資訊中心資料顯示，二〇一六年六月網路直播使用者規模達到三．二五億，占線民總數的四五．八％，其中「九〇後」為主的年輕宅文化群體是直播平台巨大的流量來源。二十六到三十歲人群是直播打賞的主力年齡層，二十一到二十五歲是關注直播的主力群體。在打賞人群中，收入穩定的男性白領群體占據七〇％的高占有率。

從直播的受眾人群分析中可以看出，如果企業想借助直播平台做行銷，那麼必須要讓行銷內容有三個明確指向：年輕化、趣味性和爆點密集。

行銷內容年輕化

直播平台和社交平台一樣，都需要不斷用年輕人喜歡的內容將他們吸引彙聚過來。什麼才是當下年輕人的興趣點呢？

透過資料調查發現，與體育、娛樂、熱點事件、社會熱點話題、明星見面會、明星演唱會等話題相關的直播，都能在年輕族群中形成巨大的聲量討論。

比如，二〇一六年四月劉濤為新劇《歡樂頌》宣傳造勢，在映客平台上開通直播，創下同時線上人數十七萬、總收看人數七十一萬的移動直播第一紀錄。

二〇一六年六月，映客獲得獨家授權直播 BIGBANG 樂隊的全球巡迴演唱會，超過四十三萬「粉絲」同步線上觀看，同時映客平台策劃專訪，發放「粉絲」福利，創下了超高的「粉絲」瀏覽量。

二〇一六年七月，papi 醬在鬥魚、百度、優酷等八大直播平台同步直播首秀，獲得「粉絲」點讚量近一億，吸引近兩千萬「粉絲」關注，成為二〇一六上半年最火爆的直播現象。

由此可見，明星的娛樂效應為企業帶來的流量吸引是巨大的。但是明星、名人、熱點事件等普遍都會存在成本高昂、可遇不可求的問題。企業如果將所有的品牌提升、銷量轉化的壓力都放在自帶巨型流量的明星和名人身上，顯然不是直播行銷最優質、最正確的方式，但是這並不妨礙企業樹立直播內容年輕化的意識，進而貼近直播平台受眾族群。

行銷內容趣味性

雖然直播平台備受資本青睞且熱度不減，但仍然處於發展的初級階段。當下大多數直播平台仍然停留在看人看臉的秀場模式上，這種內容模式單一、貧瘠，無法為企業帶去實質性的行銷內容資訊。同時線民對直播平台的內容評價普遍較低，七七・一％的網友認為直播存在內容低俗、整體價值觀導向偏低等問題。

除了內容價值較低之外，企業在做直播行銷時很容易進入另一個極端。以汽車直播現狀為例，汽車直播做為直播的細分領域，普遍存在形式傳統、內容太過專業等問題。

形式傳統指的是汽車行業普遍會使用「發布會＋直播」的模式。透過邀請媒體、記者發問、採編成稿發布等環節完成宣傳。直播在整個過程中成為一個可有可無的宣傳手段，或者只是一個宣傳噱頭，並沒有帶來實質性的行銷意義。同時因為發布會的內容無趣，主持人全程都圍繞汽車性能、評測、專業講解等做內容輸出，或領域太過垂直，導致直播的最終效果較差。

行銷爆點密集

直播行銷年輕化是為了吸引群眾，把流量引入；內容趣味是為了把受眾留住，將流量落實；最後一步行銷爆點密集是為了和留下的受眾有更直接、頻繁的互動，將流量有效轉化為銷量。

邊看邊買邊分享是直播行銷的最終目的，但是真正要實現讓使用者購買需要下很大功夫。除了在內容上不斷製造吸引關注的爆點之外，一些協助工具的使用也是必不可少的。比如，在直播的過程中直接發現金紅包、點讚紅包、抽獎送禮、密令紅包、秒殺商品等。用頻繁的福利對受眾進行刺激，提升消費機率。

平台功能分析

直播平台是直播行銷的核心環節，當下直播平台可大致分為三類。

綜合型直播平台

這一類型的直播平台以泛娛樂、秀場直播為主，圍繞著主播自身才藝、特長實現直播平台的主營業務，如映客、花椒、一直播等都屬於這一類型。這類直播平台的用戶基本上都是千萬量級以上，可以為企業提供更多的管道價值，通常會在品牌聲量提升、注入流量資源、拓寬宣傳管道等方面對企業有所幫助。同時由於這類平台上彙集著很多有才藝的主播，可以輔助行銷戰役中使用者原創內容的生成。

垂直類直播平台

這一類直播平台的內容圍繞著某些垂直細分領域展開，具有一定專業或行業的門檻，例如：體育類、遊戲類、財經類等。企業可以根據自身行業特性，有針對性地選擇適合的直播平台進行直播互動行銷，透過平台在垂直領域內聚積的受眾，完成行銷的精準觸達。

電商類直播平台

電商類直播平台很好理解，就是電商平台和直播平台的結合，旨在為商品增加展示管道，並直接引導消費者的購買行為。阿里、京東等電商巨頭均已開始對自身電商產品進行直播模組的增設和布局。

流量獲取分析

在用戶時間碎片化、流量分散的社會化媒體時代，想要靠單一形式的內容平台完成行銷戰役並獲得良好效果的概率越來越小。即使是擁有大體量用戶的直播平台，也需要在進行行銷戰役時和其他平台配合，才能實現行銷效果的最大化。

目前，微博、微信都屬於巨型的入口級流量，企業的直播行銷如果能用這些平台做輔助，必將事半功倍。

微博

微博平台是直播的引流入口。企業在做直播行銷之前，可以事先在微博上做話題預熱，形成前期討論聲量。微博平台獨特的開放性特點，使其成為直播及行銷內容的傳播管道。

微信

微信的直播體驗沒有微博的好，原因是微信對於自身的內容生態掌控比較嚴格。但是企業可以把微信做為直播的一個營運補充，借助朋友圈用戶流量為品牌提升直播的曝光率。

直播平台自身推廣資源

除了社會化媒體的宣傳配合外，直播平台自身的推廣資源也是企業在直播行銷過程中需要重視的，比如直播平台 App 的首頁推薦位、banner 圖展示、App 首頁推送、清單 banner 資訊、Apppush（資訊推送）。網紅會利用他們的宣傳途徑，例如：大 V 號、門市、貼吧、「粉絲」群等進行前期的自我行銷和宣傳等。企業在行銷經費充裕的情況下，也可以嘗試一下直播平台自身的推薦資源。

企業在做直播行銷時有一些規律可循。

首先，在內容設計上，遵循**年輕化**、**趣味性和爆點密集**的三大特點。

其次，在平台選擇上，如果企業希望透過直播獲取品牌宣傳聲量提升，建議選擇綜合型的直播平台；如果企業希望透過直播獲取直接的銷量轉化，建議選擇電商類直播平台，也可選擇電商和綜合類直播平台搭配進行傳播。

最後，在流量吸引上，企業需要將直播看作一次事件行銷來操作，前期微博宣傳話題預熱，為直播的流量爆發做鋪墊。同步直播或直播後期，借助微信宣傳做行銷沉澱，這樣才能讓整個直播行銷真正落實，達成實效。

一小時賣了二．二八億，電商直播太瘋狂

從超級流量池的角度來說，電商平台直播可以打造導購型消費場景，透過即時互動改變消費的場景和路徑，是流量落實變現的最直接方式。

以下便是電商直播的四大優勢：

- 電商直播可以更全面、更直觀地傳遞商品資訊，促進了使用者的購買決策。
- 講解從一對一變成一對多，降低了售前諮詢的負擔和成本。
- 透過聚集人氣營造團購氛圍，進而提高轉化效率。
- 直播過程中可直接跳轉購買頁面，讓流量的轉化效果立現。

那麼一場有趣、有料、有流量轉化的電商直播該怎麼策劃呢？以神州買買車王祖藍直播為例，該案例曾獲得二〇一七天貓年度行銷案例獎。

二〇一七年一月九日，神州買買車攜手王祖藍在天貓直播開啟了一場九十分鐘的綜藝式賣車秀。

在九十分鐘的直播時間內，點讚量突破一千八百二十萬。神州買買車賣出兩千七百一十七輛 Cruze，訂單金額高達二．二八億人民幣，平均每分鐘賣出十一台，超過吳亦凡 X Smart 直播銷量十五倍，創造了直播賣車新紀錄。

這個現象級案例成功原因總結為三個。

直播前期打開品牌認知通路

二〇一六年底，神州買買車的第一支品牌廣告出街。神州買買車團隊遠赴日本，特意邀請娛樂明星王祖藍和網紅 PICO 太郎，透過改編爆款神曲 PPAP 共同演繹「買買舞」。

「買買舞」為神州買買車創牌階段的第一支廣告，在內容上足夠簡單有趣，並且重複強化品牌名稱和品牌資訊。

借助神曲 PPAP 的洗腦旋律，神州買買車的魔性廣告一經上線就引發全民洗版。PICO 太郎蹩腳的中文和王祖藍鬼畜的舞姿，都成為引爆受眾討論的熱議話題。受眾自發模仿、參與並上傳原創內容，為品牌的創立做了二次宣傳。

借著「買買舞」的話題熱度，神州買買車團隊迅速推出了這次直播活動。「王祖藍〇一〇九生日快樂」、「王祖藍生日直播趴」兩大話題同時啟動，直播話題在預熱期就穩居新浪微博話題榜第一。

顛覆性玩法，解鎖直播新姿勢

不同於「直播＝網紅發布會」或「鋪（網紅）量取勝」的套路，這次神州買買車的直播，團隊從直播平台選擇，到直播中的內容策劃，再到福利爆點，每一個環節都嚴格把控。

電商直播為主，綜合直播為輔

王祖藍「生日趴」直播，神州買買車選擇了天貓直播和一直播兩大直播平台。選擇天貓直播的原因是天貓直播屬於電商平台，在直播的過程中品牌不僅能隨時隨地推廣產品資訊，更可以引導消費者透過直播螢幕中出現的底部按鈕完成購買行為，實現即時的流量變現。

同時輔以一直播平台。一直播是綜合類直播平台，隸屬於微博，和天貓直播同屬阿里系，可以做為直播事件宣傳和純品牌發聲。

當天，天貓直播和一直播雙平台同時創下直播行銷紀錄。天貓直播的點讚量是一千八百一十萬，即時互動量是三・三萬；一直播的點讚量是四二九四・九萬，最高線上人數超過兩百萬。

綜藝節目規格打造直播內容

和企業最初接受微博、微信時一樣，很多企業同樣會認為，做直播行銷不需要做太多的內容準備和資金投入，就能換取巨型流量和銷售轉化。還有很多企業認為在直播時找一些自帶流量的網紅，用一部手機、一個自拍棒把產品和品牌植入進去，就可以算是直播行銷。這些想法其實太簡單。

造成直播行銷成本和門檻低假象的原因在於，直播使用的智慧手機的普及和使用成本降低。但這並不代表企業製作優質的直播行銷內容的門檻低。

粗製濫造的行銷直播，很難帶來真正收效。

一場直播能帶來的品牌曝光量、銷售轉化量，很大程度上取決於內容的品質。拿神州買買車這個案例來說，整場九十分鐘的直播，團隊借鑑的是綜藝節目的製作模式來完成的腳本與流程的設計。

九十分鐘的時間裡，王祖藍先後進行了生日慶祝派對、經典的「祖藍式」模仿秀、「粉絲」贈送禮物、現場教學「買買舞」等五、六個緊湊環節。

不僅來賓要和直播室裡的「粉絲」及時互動，主持人也必須展現扎實的控場功底，見縫插針地把品牌資訊、促銷資訊、活動優惠資訊等傳遞給消費者。

此外，在直播室的場景布置上，要在觀眾目所能及的位置填充品牌標識。再配合多名主播互動，以及讓模特兒成為行走的看板在背景中不時出現，不放過任何細節地強化觀眾的品牌記憶。

福利刺激達成銷量轉化

優質內容的目的是吸引流量並且提高直播過程中觀眾的黏著度，而直播中不停地使用促銷策略，就是為了進一步刺激觀眾，以達成銷量轉化。

結合天貓直播邊看邊買的特點，在王祖藍「生日趴」直播期間，神州買買車共向觀眾發放了價值五萬元的四輪紅包雨，這些其實是借助了直播平台的協助工具。

同時在直播期間登錄神州買買車的天貓旗艦店，買車就送 iPhone 7。每產生五十個訂單，還隨機送一輛半價車。神州買買車先享後買的模式，也讓受眾在價格上得到最大實惠。

明星主導，網紅助推

這次神州買買車選擇代言人王祖藍做為直播主角，同時配合多名直播主播同步助推，原因在於根據品牌前期的資料分析，神州買買車做為一個汽車的電商平台，主打爆款新車特賣，其受眾人群正是當前網路購物的主力人群「八〇後」、「九〇後」。其中習慣於透過互聯網大額度消費的多數是「八五到九五後」。《「九五後」新生代社群網路喜好報告》顯示，「九五後」對於明星和遊戲話題的關注度遠高於「非九五後」。另有相關資料表明，有近五成的「九五後」為自己喜愛的偶像明星花過錢。

這也就說明：第一，電商平台的受眾與品牌的目標消費者高度吻合；第二，使用「九〇後」熟知的、有趣的、公眾形象好的明星做為直播主角，更能實現直播的流量變現。

明星在直播行銷中可以負責大部分的流量吸引，而網紅的助推是為了讓直播更具網感，讓觀眾對直播場景體驗更為真實，自帶好感。

多平台、資源數位傳播配合

企業如果想在一場直播行銷中看到高效果的流量轉化，除了在直播一個管道上單點發力之外，更要在直播前、中、後期同步借助其他傳播管道擴大事件聲量。

就這次王祖藍「生日趴」直播來說，除了天貓直播和一直播兩個平台主頁正中央的橫幅位同步推薦外，在社群平台、線下門市、分眾傳媒上都有相應的一些宣傳內容。因為神州買買車當時正在創牌階段，這場直播只是整個品牌創立行銷戰役的一部分，所以同步發力的品牌聲量宣傳後，行銷的效果加上促銷的配合，讓所有的流量最終集中在直播這一個點上，實現高效轉化爆發。

IMBT：電商直播的四個關鍵

到目前為止，直播行銷的玩法仍然處於初級探索階段，中國有關直播行銷仍沒有規範化的模式。隨著二〇一七年中，天貓 App 將直播按鈕從首頁降權到二級頁面，直播行銷也逐漸趨冷。

但是在一年的直播行銷試水溫的嘗試中，各平台和行銷機構仍試圖從中找尋直播行銷玩法的規律，讓直播成為一種可量化、可程式化的行銷方式。

在這個過程中，移動行銷公司氫互動率先提出了基於直播行銷的「IMBT 電商直播方法論」，有一定的參考意義。

1. IMBT 是 idea & IP（創意和 IP）、media（媒介）、benefit（福利）、technology（技術）的首字母縮寫。直播行銷從來就不是單點作戰的行銷，而是要在每一個環節都仔細考量並且必須具有規範化流程。

2. **電商直播是最具實效轉換的直播形式**。

在移動互聯網時代，市場導向從傳統的價格導向轉為情景導向，電商越發需要在行動端實現購物模式的多樣化，讓消費者在場景化的環境中有更好的消費體驗，成為驅動消費者遷移的新成長點。而直播的屬性恰恰符合這一趨勢。

不論是明星直播還是網紅直播，閱聽眾在觀看直播的過程中能及時參與互動，很容易被帶進直播當下的情境中，產生消費衝動。而且在流量驅動、網紅風靡、內容電商興起和大資料的多角度衝擊和推動下，社群化也是電商平台改進關注的重點。電商平台的網路直播完全能夠覆蓋到這些方面，讓線民對社群網購的認可度日益提升。

企業在選擇電商直播做為直播行銷的主平台時，一方面，使用者以自然狀態分享購物資訊到社群網路，引發真實自然的互動，引發更多潛在用戶的點擊和購買興趣；另一方面，真實的用戶關注、口碑傳播、流量產生、購買結果都可以在電商平台中快速生根。用戶在對某個好友、社區或網紅產生信任後，也會增加其重複購買率。

既然電商直播將成為直播行銷的必然趨勢，那麼下面就來拆解一下在電商直播中IMBT各環節的玩法。

創意和IP

不論在什麼樣的媒介流行趨勢下，內容創意都是行銷的關鍵，只有好的內容創意才能把流量吸引並黏住。大家都清楚直播行銷現在是個風口，很火熱，但是很多企業對直播行銷的理解仍然停留在網紅、直播室、打賞等原生內容上。這樣的原生內容對企業行銷是沒有什麼幫助的。

我們之前講過，優質內容稀缺是制約直播行銷的一個關鍵性因素。在直播行銷發展的過程中，很多企業、廣告代理商以及一些新型的內容公司都做出了不同的嘗試。

在直播盛行之初，憑藉其在社會化行銷領域的影響力，加上對直播這一新型行銷方式的內容探索，杜蕾斯的「AIR百人體驗」直播行銷就引起了大家的廣泛關注。三個小時的超長直播，百人試戴，六大平台入口的同步直播，同步線上觀看人數一〇三．四萬。單從資料上看，在直播剛剛興起時就能有這麼漂亮的流量資料，無疑是成功的。

三個小時的主要內容是，搬了一個小時的床，聊了一個小時的天，做了一個小時的操，最後一團乾冰氣體噴出，直播結束。

如果說杜蕾斯的直播行銷是在直播剛開始時的一次大膽的內容嘗試，那麼擁有大IP、自帶流量的papi醬首次直播則輸在了沒有內容規劃這一點上。

papi醬是二〇一六年上半年最火的網紅，在經歷了四月廣告拍賣，以兩千兩百萬元高價成為「新媒體廣告第一標王」之後，實現了個人的IP價值和流量的最大化，也讓所有和papi醬相關的話題都呈現出了極高的長效傳播力。

這股傳播力延續到七月，papi醬在八大直播平台完成了自己的直播首秀。這次直播首秀八大平台同時線上觀看人數高達兩千萬，累計觀看人數超過五千六百萬，互動超過二十三萬，微博熱議聲量達二十萬，是同期直播事件之首。

雖然整場直播不是一次商業活動，但是在直播中papi醬表現出的不適應、尷尬、緊張與之前在她自己的短片中展現的輕鬆、無厘頭相去甚遠。在直播中，她不再是那個短片裡插科打諢、槽點段子不斷的「papi醬」，而成了一個活脫脫的自然人，而這個自然人對觀眾而言恰恰是陌生的、不自然的。這場直播首秀雖然有龐大的流量彙集，但不論是對papi醬個人還是對直播平台，都沒有實現有效的轉化。

從這幾個案例可以看出，內容創意對於直播來說是一件至關重要的事情。企業在設計直播行銷時，一定要在一些內容創意環節上著重規劃。

直播的腳本規劃和互動設計

用綜藝真人秀節目的規格來做直播行銷，是我們一直強調的。就像寫文章需要有提綱框架，做脫口秀至少要有核心主題，說相聲也要拿出幾個段子、抖上幾個包袱。直播的腳本規劃可以結合企業性質和產品屬性，將每個環節都圍繞著企業預期的效果下功夫。直播過程中的互動設計也可以控制直播嘉賓在什麼時間說什麼話，在哪些節點上是發送福利刺激銷售，還是用金句段子增加觀眾黏著度，這些都是內容設計上的重要考慮。

跨平台直播事件，現場的調度控場很重要

普通觀眾對直播的印象是「真實」，所以直播睡覺、直播吃飯這樣的使用者原創內容都有很高的流量獲取。但是企業做直播要做出「粉飾的真實」，直播室裡一個嘉賓或者主播在表演生活，台下的工作人員則一定要應對八方。突發情況的處理、彈幕管理、現場背景布置、效果評估、彩蛋放送、設備調試等，都是直播螢幕外的內容工作。尤其是在選用跨平台直播時，細節場控做得好才能達到聲量和銷量的雙贏。

媒介

對直播行銷而言，除了內容創意的打造之外，還需要媒介管道的推廣。在直播行銷中有三種形式的媒介推廣需要企業重視。

直播平台充分利用自身資源

直播平台自身的傳播資源是企業首選的天然流量入口。像 App banner 位、直播平台首頁的推薦位、App 的打開頁面、推送的 push 資訊、搜尋入口等品牌露出位置，都是企業在做直播行銷時需要首要考慮的。在直播過程中，附上直播預告和產品簡介，透過點擊簡介也可以直接跳轉到購買詳情頁。

多直播平台同步直播

我們一直在強調電商直播平台是直播行銷的首選，企業在行銷時如果經費充裕，建議選擇「電商直播＋綜合型直播」，多平台搭配使用。用電商直播做流量落地入口，用綜合型直播做聲量宣傳管道。

二〇一六年四月，美寶蓮紐約整合互動行銷，Anglebaby和五十名網紅同步直播，以天貓直播為主的九大直播平台聯手合作平台全程直播，獲得超過五百萬的線上收看，最終賣出一萬多支口紅新產品，實際的轉化銷售額達到一百四十二萬人民幣。

跨媒介平台合作傳播

數位行銷如今越來越向著多媒體平台整合的方向發展，單靠某一種形式的行銷是無法把分散在四處的流量聚合起來的，直播行銷也是一樣。未來的行銷戰役必將是多平台的組合發展。微博、微信、社群、朋友圈、品牌類的媒介投放，這些投放形式需要企業根據具體情況選擇配合使用。

二〇一六年五月，在寶馬為全新BMW X1舉辦的音樂秀直播發表會上，共使用了包括朋友圈廣告連接直播、QQ音樂連接直播、騰訊炫境VR360直播、騰訊影片行動預約，以及企鵝電視直播在內的五個直播信號，形成直播矩陣，將直播和社群、VR技術、內容行銷相結合，共吸引了一千萬人線上觀看。

福利

福利是保證流量黏著度的第一前提。對觀眾而言，企業在直播行銷過程中既可以增加用戶對企業的好感，又可以刺激銷售、促進分享。直播行銷福利的玩法也很多，比如紅包發放、卡券發放、秒殺商品、買送等。

現在直播過程中使用福利刺激的越來越多，幾乎每個直播過程中都會出現。企業在直播中使用福利，必須建立幾點意識。

要有制定直播中互動福利規則的意識

在直播期間什麼時間發放什麼樣的福利，哪些環節使用哪些福利規則，福利規則要怎麼制定才能有趣、好玩，這些都是企業要事先考慮的福利規則問題。

要提前準備直播中的互動福利物料

在直播頁面上出現的紅包、卡券、產品折扣券，都要事前根據風格調性製作準備好。此外，紅包、卡券的金額設置、時間設置也要透過技術後台提前改造設計，準備完善。

技術

直播技術後台的使用也是企業在行銷中需要重視的問題，其中包括直播現場搭建時拍攝、錄製、燈光、連麥[1]、音箱設備的測試，還有導播、客服、互動螢幕的操作；網路頻寬、視訊伺服器；直播螢幕中的畫面、彈幕、浮層特效等。

二〇一六年六月，馬東率領米未旗下藝人在映客總部組局的直播首秀，在當時就提供了一種新的直播玩法。

直播中共動用了四個直播室，馬東隱藏在映客總部的某個位置，一邊磕著「粑粑瓜子」，一邊和直播間的觀眾聊天，在一個半小時的直播裡共發布三次資訊給到三組米未藝人。藝人需要和「粉絲」互動，完成線上線下的挑戰專案獲得資訊，最終找出馬東的位置。

四個直播室總觀看人數達到六百六十一萬，馬東本人直播間的觀看人數達到兩百四十萬，一舉創下當時直播平台線上人數觀看直播的新紀錄。

該直播首次使用「連麥」、「浮層特效」等技術，優質的內容策劃、互動規則、技術跟進都可以將這次直播定義為一場內容型的直播秀。

二〇一七年五月，神州買買車冠名欄目「喵了個車」，聯合《人民的名義》裡的「超級賤人」鄭勝利又做了一場賣車直播。九十分鐘直播下來，全場觀眾達三十五萬，點讚數兩千兩百零七萬，九十分鐘內下訂一千四百零八輛車，平均每分鐘下訂超過十五輛，付款成功的達到一千零三十八輛，訂單總金額破億人民幣大關。

前述，正是基於氫互動在直播領域裡提出的ＩＭＢＴ方法論：當品牌在做直播時，必須以內容創意為爆破點，以媒介平台為載體，以福利為驅動，以技術手段為保障，才有可能達成品效合一，實現流量轉化變現。

1 連麥，指的是兩個人不在同一個地方，透過網路把聲音合在一起唱歌、聊天。

第12章

跨界行銷的流量巧用

ＢＤ跨界行銷已經是品牌合作中常見的策略。品牌之間的聯合就像談戀愛，既可以為企業和消費者帶來全新的視角，也能讓雙方獲得「一加一大於二」的效果收益。

ＢＤ部門正在成為現代企業市場部的一個重要組織。如果說品牌、廣告、社群媒體是市場部隊中的重騎兵，那麼ＢＤ則是一支神出鬼沒的特種兵，往往以較小的代價創造神奇的效果。

跨界合作的好處是顯而易見的。

1. 可以豐富品牌內涵。

品牌的跨界合作一方面體現了品牌自身的開放性，另一方面也使行銷手段多元化。兩個調性相同的品牌達成同盟，或者組成ＣＰ（配對），可以增加品牌之間和品牌受眾的新鮮度和豐富度。

2. 低成本的流量獲得。

隨著互聯網人口紅利的結束，社群平台上的流量資源開始枯竭。企業靠品牌自身發掘的新流量越來越少，而且品牌受眾的消費潛力也被攫取得差不多了。依靠口碑、「粉絲」、回頭客帶來的銷量滾動越發困難，那麼和同等量級品牌抱團，讓雙方「粉絲」交叉、流量互洗，對企業來說也是一個以低成本獲得流量的快捷方式。

3. 達成品牌傳播和銷售的雙贏。

顯然，跨界行銷的最終目的是達成銷售，只有讓雙方品牌在有曝光量的同時促進成單量，品牌跨界合作、企業的BD運作才有實際意義。

在獲取和經營流量池的過程中，一個企業要想透過BD減少行銷成本、獲得免費流量、提高轉化效率，就需要一套完整的BD策略來打一場「配合仗」。

當流量遇到流量

流量池思維一直在強調「從最大化的流量獲取」角度看行銷的每個環節。

如果我們去除「聲量提升」和「效果收益」兩大目的，僅用流量思維來看BD合作，那麼企業選擇BD布局的直接原因就是實現雙方企業的「流量互洗」。

「流量互洗」是企業在多輪行銷活動後，已經很難進行流量拓展和深度發掘的情況下，依照品牌實際需求，將雙方企業自身流量互換，實現雙方平台價值利用最大化。

以神州專車的ＢＤ合作為例。

神州專車從二〇一五年十月開始加大對外的流量交換和流量拓展，截至目前已經完成了與近五百個品牌的跨界合作。現階段神州專車的廣告投放量已經開始減少，主要的行銷出鏡活動和流量獲取基本都是透過ＢＤ獲得。很多品牌在和神州專車合作後，都會選擇二次及多次的合作。這是基於對神州專車的創意形式、自有流量的純度、品牌影響力的認可度產生的深度合作。

當然不是所有的品牌都適合這樣的合作形式。根據品牌行業屬性的不同，ＢＤ合作的程度也會有相應的差異。

一般情況下，ＢＤ合作會有四個不同的階段。

階段一：聯合創意

品牌雙方聯合想一些創意、做一些活動，是最常見的一種合作形式。很多情況下，如果品牌之間的合作契合點巧妙、合作內容有創意，就能帶來一些流量及關注度，效果往往也會比投放好一些。

在聯合創意上的合作比較多，我們舉兩個例子。

天貓「雙十一」與眾多品牌

二〇一六的天貓「雙十一」在預熱期就出爐了一系列以「貓頭」為主輪廓的品牌宣傳海報。四十多家國際知名品牌需要在「貓頭」特定的主輪廓中，用精巧的畫面呈現自身產品及品牌特性。這一系列海報在地鐵、公交、分眾等線下大規模投放，除了讓人一眼就識別出天貓「雙十一」之外，還對這些品牌印象深刻。

餓了嗎與杜蕾斯

杜蕾斯的特性和餓了嗎的配送服務結合，本身就讓合作自帶熱點吸睛功能。（圖 12-1）二〇一七年，杜蕾斯借助餓了嗎的平台

圖 12-1
掃描 QR Code 觀看「419 SOS 速達服務」案例

流量，結合自身的精準受眾，推出「419 SOS 速達服務」，實現雙方的流量互洗。

階段二：內容、平台合作

目前品牌聯合並未停留在創意合作的表層上，而是會向內容、平台等深度發展。單就創意而言，如果沒有更深層次的合作，就會讓品牌聯合的整體性意義弱化。雙方借助創意的形式，植入內容互推品牌廣告，可實現更深程度的利益互享。

餓了嗎與網易新聞

「喪茶」是網友們針對「喜茶」虛構出的網路衍生品，和喜茶滿滿的正能量相反，喪茶展示了年輕一代負能量的自我宣洩。本以為這只是腦洞清奇的網友們的又一惡搞，但是在二〇一七年「五一」期間，網易新聞和餓了嗎就聯手把喪茶帶到了現實生活中，開了一家喪茶快閃店。

喪茶快閃店雖然只營業四天，但是不僅請來了超級網紅王三三做代言，更支持餓了嗎的外賣配送（第七章有案例詳解）。

階段三：產品、技術合作

再深一點的ＢＤ合作就是產品入口級的合作。

比如神州專車透過應用程式設計開發展入口介面「航旅縱橫」。做為航班出行軟體排名第一的航旅縱橫，只要用戶在航旅縱橫上訂了機票，頁面下方自動就會有一個機場接送的入口，可以讓用戶使用神州專車。

肯德基和《陰陽師》的合作也屬於產品的深度合作形式。二〇一七年三月，肯德基攜手《陰陽師》手遊，在八座城市設置了不同主題的門市，並推出陰陽師定製套餐。同時在遊戲場景中設置了肯德基門市副本，玩家也可以根據行動位置服務地圖進入附近的肯德基門市打副本，得到稀有道具。

階段四：訂單交易合作

ＢＤ合作到了這一階段，就可以和一些重要品牌完成內部成單交易和訂單分享。

二〇一六年底，神州專車透過談判、商務合作，拿下了華為Mate系列在中國區唯一的預裝出行軟體。

為什麼選擇和華為合作呢？因為神州專車的後台資料顯示，超過七〇％的用戶使用的手機機型是蘋果 iPhone，二二%的用戶是華為，所以前幾個使用機型就是神州專車的重點合作對象。

在神州專車之前，華為的所有高端手機都沒有預裝的出行軟體，在華為未來推出的 P 系列、Mate 系列都會有神州專車的預裝出行軟體。

為提高定位轉化，神州專車給華為用戶定製版 App 裡都單獨贈送了三百人民幣券包，這樣可以提高整個 App 的使用率。除了華為的預裝機以外，對於 iPhone，神州專車還率先進行了 Apple Pay 的合作，同時加大了和三星應用商店的合作，這些都是根據機型資料，分析使用者消費行為後進行的有價值的 BD 合作。

既然在選擇和其他品牌 BD 合作時的程度有所不同，那麼企業選擇 BD 商務合作就要根據篩選結果制定不同的應對策略。比如哪些品牌和企業是需要自身「主動出擊」的，哪些是可以「選擇接受」的，哪些又是可以「行業打通」的。

類型一：主動出擊型

需要企業主動出擊尋求合作的品牌，一般來說都是體量較大的各行業內的領先品牌，擁有大量的流量資源，受眾對品牌忠誠和受眾的消費能力都經過考驗。和這些品牌跨界合作，能夠給企業自身帶來流量的彙集和銷售量的成長。

針對需要主動出擊型的企業，在商務合作之前要找好資料、做好功課，並且主動取得聯繫。必要時，企業可以考慮付出更多的資源成本進行交換合作。

神州專車在早期想和輕奢品牌 Michael Kors（MK）進行商務品牌合作，但是 MK 感覺自身和出行品牌在調性上不太吻合。BD 團隊沒有洩氣，策劃了一個針對中高端乘車用戶的情人節小創意，「坐專車，贏取限量版 MK 手包」。這個策劃只在微信上試水，投入很小，激發了 MK 的測試興趣，最終執行效果超出預期（大量真實用戶轉發並參與活動），雙方從此建立信任並成為持續合作品牌。

類型二：選擇接受型

這一類型企業往往因為品牌力強，會獲得很多主動合作邀請，這對 BD 人員而言既是幸福也是考驗。BD 人員需要透過對要求合作的企業進行篩選，選取合適的品牌，根據企業自身定位調性實現品牌合作。建議市場 BD 部門可製作具體的篩選條件表格，並有內部例會討論制度。

類型三：行業打通型

這一類型不是指一個一個地去談企業合作，而是在適合自身品牌的某垂直行業，透過行業組織協會、行業活動或相互轉接介紹，把整個行業垂直打通，徹底包圓。這種BD合作，往往是一種企業市場戰略級手段，不僅能擴大自身流量優勢，還能給競品設立壁壘。

神州專車在高端酒店和會議方面的「頭等艙計畫」，就透過與香格里拉酒店集團、開元酒店集團、萬達酒店集團等多家著名酒店連鎖集團合作，開設企業用車服務帳戶、設置酒店上車站點等方式，滲透占領中高端酒店行業的接送服務。這種行業打通合作，目標聚焦，執行考核明確，是企業競爭的有力武器。

BD經理：找到你的好朋友

通常企業中BD經理的工作內容，就是尋求本行業或跨行業的企業合作，這對於BD經理的談判技巧、人脈資源、內部協調能力等都有著巨大的考驗。

比如，怎麼才能快速找尋到目標合作客戶以及關鍵決策人——檢驗的是人脈資源。如何衡量合作對象付出的資源力度——檢驗的是談判能力。如何合作規劃與產品開發、技術實現的時間差——考驗的是BD經理的內部協調力。當合作管道效果不理想時，能否及時排除不合適的管道，或者排除正確管道上的錯誤合作方式；是否有快速試錯、快速更改的能力，這些都是對一個BD經理能力的檢驗。

在技巧上，BD經理要做到**真誠**、**務實**、**高調和「撈過界」**（廣東方言，指超越自己的工作範圍）。

真誠：有同理心，站在對方角度考慮合作，先判斷是否能夠全部或部分滿足對方的KPI，再做下一步談判。根據合作需求提供真實有效的流量位置，拒絕一錘子買賣。

務實：充分了解自身平台實力與現狀，充分尊重合作方的平台現狀和需求。制訂能夠實現的合作計畫，不忽悠，不天馬行空。

高調：BD合作一定要高調，宣傳力度要強。不僅要讓對方企業看到宣傳，還要盡可能讓更多的人知道，這樣才能顯示出企業合作的誠意，推動合作進展。

撈過界：了解產品、技術、財務、法務、市場等相關協作部門的工作內容及流程，能夠為合作方提供他們感興趣的優勢內容，如創意、設計、話題等。

找到合適的 BD 資源

也許有人會說，神州專車的品牌勢能很強大，所以完成商務拓展會相對容易，如果是初創企業或者中小型企業就會比較困難。

事實並非如此。

透過 BD 運作後的跨界交換流量並不複雜。企業只需要有一些如微信、產品等的基礎流量，就可以有選擇性地和同量級的其他企業進行交換。

企業的 BD 合作是一個循序漸進、循環往復的過程。只有一步步穩定搭建合作管道，逐步實現合作的生態閉環，並且在這個閉環中不定期地進行不同主題的行銷活動，才能更有利於自身企業的優質資源累積和後續傳播中的資源互換，讓合作雙方實現品牌共贏，同時達到雙方的品牌提升，最終實現減少成本、增加收益的行銷目的。

我個人的經驗，除了跟產品屬性直接相關的場景型合作外，跨界方面，企業 BD 一定要重視娛樂資源和金融資源。

透過娛樂資源減少產品宣傳成本

明星娛樂是最好的品牌宣傳資源，利用免費的ＩＰ授權和明星資源不僅能將一部分「粉絲」的流量吸引過來，也能為產品和品牌借勢獲得曝光的機會。比如，在《鬼吹燈之尋龍訣》上映期間，神州專車使用舒淇的形象做裂變紅包，透過那一次裂變，神州專車獲得了幾十萬的新增用戶。

透過明星、影視、娛樂宣傳發行獲得的分享、下載和轉化的效果，會遠遠優於一些純創意的傳播，而且大大降低企業行銷的傳播和創意成本。

所以企業在商務合作時，要有意識地聯合影業投資、製作、行銷、影院等上下游產業鏈，借助交換宣傳發行、增加曝光、製造話題等形式，分流一部分行銷創意和傳播的壓力。

透過金融資源增加銷售收益

在企業的商務拓展合作中，娛樂資源是用來減少品牌傳播成本的，而金融資源的作用則是增加銷售收益。企業和金融機構的商務合作形式多為企業聯合銀行，透過廣告、產品綁定、聯名卡等方式，獲得銀行的採購收入和行銷支持。

比如，聯名卡的運作就是由發卡銀行和企業聯合發行一張卡片，持有卡片的消費者在該企業消費可以享受一定比例的優惠，這能夠給企業帶來一定的直接銷售收益。神州優車集團與浦發銀行發行的「御駕黑卡」、攜手銀聯的「神州銀聯週」都屬於此類範疇。

在尋找合適資源時，企業要做到「知彼知己」

知彼：找到品牌同盟軍

想要和其他品牌組CP，需要先透過資料分析，製作雙方使用者輪廓，找最佳場景結合，同時要充分考慮雙方品牌定位和調性。

這很好理解，跨界行銷考慮的就是品牌之間的「門當戶對」。選擇合作的對象首先要和自身企業實力相匹配，要擁有相關的受眾消費族群，才能讓合作產生最大價值。如果前期沒有透過資料分析調研，掌握對方用戶和自己的結合點，在行銷進行的後期會因為定位失誤，讓合作收益大打折扣。

此外，還要充分了解對方企業的產品特性和品牌定位，找到特性中可以契合的共性，將資源重配或調劑，取長補短，碰撞出最恰當的化學反應。要注意，企業之間的跨度越大，化學反應就越明顯，也能取得越好的效果。

結合神州專車的品牌定位，像「中高端領先品牌」、「全球知名品牌」、「垂直領域領先」類似這樣的企業品牌，就是和神州專車合作的首選，所以房地產、航空、快消、銀行、輕奢等中高端企業或品牌都會在神州專車的重點合作名單中。如今，與神州專車進行過跨界合作的品牌已經超過五百家。

知己：了解企業可交換的流量在哪兒

企業在進行BD合作之前，首先要了解自身有哪些流量是可以交換的。

神州專車能用於流量交換的形式有很多。比如，線上的有App、官網、微信、微博、會員簡訊、Apppush、裂變紅包；線下的有車身展示、車內放置、車內iBeacon[1]、戶外看板。這些都可以用作流量交換的資源。

1 iBeacon是蘋果公司二〇一三年九月發布的行動設備用OS（iOS7）上配備的新功能，是一種透過低功耗藍牙技術進行十分精準的微定位的技術。

能夠和神州專車進行交換的合作方一共有兩類：

1. 線下實體企業，以門市展示、產品內外包裝、戶外廣告資源等為主。
2. 互聯網企業，以官網、App、微信、微博、協力廠商合作資源位展示（如京東、天貓店）為主。

每次在做置換合作前，都會針對每次行銷戰役所需要的不同效果目標，在內部先進行資源的分類梳理。如果這次合作，神州專車希望達成品牌、產品傳播曝光上的效果，讓「曝光率大於直達率」，那麼就會在品牌合作類選擇合作對象。如果行銷戰役希望能夠直接達成銷售購買，也就是「直達率大於曝光率」，那麼合作對象的選擇就會偏重購買轉化。

在神州專車內部，線上 App 廣告位、官網廣告位、裂變紅包、線下門市展示、車身展示等都屬於曝光類的資源位；會員簡訊、微信、微博、Apppush、車內 iBeacon 等都屬於購買轉化類的資源位，合作的對象和方式將會更深入、更複雜。

試舉兩例，第一個例子是互聯網置換互聯網。

互聯網企業之間交流的核心在於交換流量、增加新用戶。在合作夥伴的選擇上，除了要選擇調性一致的企業，還要注重企業業務之間的天然結合，尋找精準目標使用者。

神州專車和途家網體量剛剛達到百萬級時，共同策劃了主題為「住途家在一起，神州專車接送你」的活動，為用戶聯合贈送千元人民幣出遊大禮包（含一千人民幣神州專車機場接送禮包＋一千人民幣途家住宿禮包）。

神州專車提供Appbanner、微信、微博等管道，途家提供Appbanner、官網首頁頂部banner、高鐵廣告、電視節目廣告等線上線下管道推廣。

本次活動總計曝光九百六十三萬，神州專車促成訂單金額超過七百萬人民幣，直接為途家帶來超過十萬的手機註冊用戶，促進訂單金額近五十萬人民幣（效果資料由途家網提供）。

第二個例子是互聯網置換實體企業。

實體企業與互聯網企業置換的核心目的在於，實體企業需要獲得線上流量支援，節省廣告成本；互聯網企業則相反，需要補充線下流量，提高品牌曝光。

神州專車與國美電器共同策劃了美神內購會活動。合作期間，國美電器透過神州專車線上 App 禮盒及車內搖一搖為內購會集客，節省廣告成本一百一十五萬人民幣；神州專車置換國美電器全國賣場的萬台 LED（液晶螢幕）、三十二萬台在售電視螢幕，一千八百家店內展區進行 TVC 廣告展示，曝光超過二千萬。

這些好 BD 案例，總有一款適合你

案例一：神州專車與遠大空氣

經資料分析，使用者在霧霾天對都市出行專車的需求強勁，神州專車的同比出車量會成長五九%，預約用車訂單量成長五一%。霧霾天訂單階段性的大幅增加表明，大家避免霧霾天室外出行成為共識，特別是短程訂單的增加，進一步說明乘客對潔淨出行環境的需求。（圖 12-2）

圖 12-2
掃描 QR Code 觀看神州專車與遠大空氣的跨界合作

於是神州專車與遠大潔淨空氣、三個爸爸聯合打造「無霾專車」，在六千多輛專車上安

裝了智慧車載空氣清淨器，對服務再次細化和提升，繼續把服務體驗做為產品升級戰略。

案例二：神州優車與浦發銀行

二〇一七年五月十日，神州優車集團和浦發聯合發布中國首張頂級出行信用卡——神州「御駕黑卡」，神州御駕黑卡鎖定高端商務精英人群，是一款定客製高端信用卡，其用戶權益覆蓋商務人群全方位出行場景，可尊享航空、租車、專車等多方面的「白金權益」。

策劃人員牢牢鎖定該卡的特殊福利定位：「一卡盡享三白金」，持卡人可同時尊享浦發銀行、神州專車、神州租車三大白金卡權益。

在消費升級和「互聯網＋」的大潮流下，神州優車集團與浦發銀行的合作聚焦高端用戶價值，是對出行消費領域以及場景金融的新探索。

御駕黑卡推出半年時間，用戶累計申請進件量超過十萬張，成為當年全國信用卡行業的跨界神卡之一。

案例三：故宮淘寶

故宮淘寶的文化ＩＰ跨界，也是一個現象級案例。

據媒體透露，二〇一五年上半年，故宮淘寶文創產品的銷售額就達到了七億元，超過過去一年的總和，這一銷售額也成功趕超了故宮全年的售票金額。

借助成功打造的超級ＩＰ，故宮淘寶不斷加強自身與其他品牌的跨界合作，合作形式也呈現多樣化。

平台聯合

二〇一六年七月，騰訊 Next Idea[2] 攜手故宮淘寶，用一個《穿越故宮來看你》的Ｈ５刷爆了朋友圈。

明成祖朱棣從畫中走出，戴著墨鏡、唱著 Rap；宮女戴著ＶＲ，發ＱＱ刷朋友圈……這一次的平台跨界聯合，不僅鞏固了故宮淘寶的一線網紅地位，也讓騰訊 Next Idea 活動得到充分的曝光。

ＩＰ合作

有趣、娛樂化是移動互聯網行銷的重要關鍵字，而在互聯網中生長的產品也同時兼具了娛樂化屬性，產品自身就是話題，就是行銷，容易引發用戶共鳴。

對於故宮淘寶來說，其衍生的周邊文創產品很多都是常見物品，比如手機殼、針線盒、摺扇、盆栽、膠帶等，但是所有產品都被賦予了「故宮IP」的意義，讓皇帝、宮女、大臣等歷史人物形象卡通化，自身形成一個可以被無限拓展、展開聯想、再加工創造的IP內容。

成為超級IP的故宮，又開展了和其他IP的跨界合作。比如，在二〇一六年熱門動畫電影《大魚海棠》上映時，就聯合推出了客製產品。同時在社群網路上，也透過借勢為雙方完成流量互洗。

產品推廣

當故宮淘寶成為爆款IP後，做為傳統金融企業的招商銀行信用卡也借「故宮淘寶」順勢推出了品牌衍生品，打造「奉招出行」行李牌等趣味禮品。

故宮淘寶已經形成了以主打文化、價值驅動的IP品牌。將價值認同做為紐帶更容易帶動消費，而從產品這種深度合作的形式來看，雙方品牌不僅能借助各自的流量勢能完成品

2 Next Idea 是騰訊集團整合自身優勢業務資源搭建的一個跨業務平台，是跨藝術、科技、創業品類的系列校園專案。

牌曝光，更能促進最終的實際銷售。

案例四：麥當勞與小黃人

熱門電影IP做為強勢流量，被各大品牌在BD行銷中爭搶是正常的事，而在合作中，品牌又很容易成為陪跑者，讓受眾記住IP形象而忘記合作品牌。

但是在麥當勞與小黃人的合作中，麥當勞的品牌並沒有被小黃人的勢頭掩蓋，反而成為小黃人在中國爆火的重要推手。受眾對小黃人的熱情也讓麥當勞的小黃人套餐形成供不應求的態勢。

統計資料顯示，麥當勞在小黃人套餐推廣期間，微博「小黃人占領麥當勞」的熱點話題討論量超過五．一萬，頁面瀏覽量超三千兩百萬。

三篇微信推送文章閱讀量近五百萬，轉發近十五萬；小黃人玩具全部售罄，品牌好感度大大提升。

除了線上微博、微信的聲量曝光之外，線上下，麥當勞豐富了產品和店面的包裝設計。

首先，全線產品配合小黃人主題。蘋果派、麥脆雞、冰旋風等麥當勞的全線產品，全部更換為帶有小黃人形象的產品包裝，並且搭配小黃人玩具進行售賣，增加新品銷量的同時也帶動了庫存的銷量。

其次，小黃人主題餐廳。小黃人本身的黃色和麥當勞的基礎色很容易完美結合，設置了小黃人主題的麥當勞餐廳可以給受眾提供更好的情景體驗和用餐體驗，進一步加強了品牌和 IP 的關聯記憶。

結合以上案例，再次提醒幾個 BD 跨界合作的叮嚀：

- 要結合使用者資料輪廓，找到系統性的品牌同盟軍。
- 要拿出自己優質的流量資源，和其他品牌真誠合作。
- 如果想和頂級品牌合作，還需要提供更好的跨界創意策劃。
- BD 傳播要高調，要調動雙方合作的積極性和更多資源支持。

後記
流量池，讓產品可裂變、創意可分享、效果可溯源

「流量池思維」希望幫助更多中國企業和品牌，在移動互聯網上有更快速度、更低成本、更高效的流量獲取和成長突破。

正如我在書中所言，相比於傳統行銷手法，在理念上我會更追求品效合一和實際轉化率，也會要求：

一**切產品皆可裂變**，

一**切創意皆可分享**，

一**切效果皆可溯源**。

流量來源主要有兩種：一是企業自有流量，一是對外採購流量（無論是自媒體內容還是廣告）。在我看來，今天的企業，如果不能自建和經營流量池，而仍然依賴外部流量採購和

傳統廣告變現，將會陷入越來越艱難的市場競爭。

本書既結合了我自己多年的行銷實踐，也參考了近幾年一些優秀的市場案例，盡可能全面完整地為讀者提供一套系統方法論。

因此本書不僅涉及傳統的品牌定位、傳統廣告、事件行銷，而且更多地探討了結合行動技術興起的裂變行銷、社群媒體、數位廣告投放和直播行銷等。這種大而全的寫作架構可能並不討好，尤其是很多內容（比如品牌、符號、微信、電商）本身就是宏大命題，可獨立成書。但我仍然希望用流量池思維進行貫穿，盡可能讓讀者點線分明，一覽全貌。

本書基本涉及了目前企業市場部門的一線工作，既是一本理論案例書籍，某些部分也可做為工具書提供參考（如數位廣告、著陸頁、裂變、BD等內容）。另外，不是每一章都能闡述詳盡，我也只是取用個人感受最深的實用觀點，如有偏頗不全（比如置入性行銷、影片插播式廣告、OTT跨螢幕等本書都未提及）也請讀者諒解。

在本書寫作期間，我又參與到一個新品牌 luckin coffee 的前期創建，導致工作更加繁忙，因此寫作斷斷續續，加上三次修改，耗時半年多才最終成書。寫作中，尤其有賴於兩位辛勤的小夥伴全程支援，無論是採訪、案例總結還是後續修訂，他們的參與才得以讓此書能儘快呈現。他們是劉博雅、葉飛。

同時要感謝本書全程統籌李南茜。

還有王浩、申躍、邱亮、黃敏旭、閆潔、馬修民等提供專業資料，在這裡一併感謝。

書中還有很多紕漏之處，內心存有遺憾，期待以後有更多時間再做修訂，也邀請讀者來信（yangfei2018@qq.com）溝通指正，或關注我的訂閱號（楊飛在想，yangfeizaixiang）。

附錄
專有名詞

自序

行銷技術（Marketing Technology，即 MarTech）

MarTech 是由行銷達人斯科特・布林克爾（Scott Brinker）首創的詞彙，指的是那些設計使用者體驗、提供即時服務、優化消費者體驗流程，以及優化顧客轉化的技術。管道大部分是自有媒介，技術手段和實現方式包括顧客關係系統、行銷自動化軟體和服務，以及電子商務管理系統。

廣告技術（Advertising Technology，即 AdTech）

AdTech 指把廣告和品牌內容送達消費者的技術和手段。AdTech 使用的管道是付費媒介，技術手段和實現方式包括各類網頁廣告、SEM 付費搜尋、原生廣告、程式化購買和 DSP 等。

流量思維

透過免費或較低的投入獲得巨額流量，並透過有效手段完成流量變現。

流量池思維

在利用較低投入獲取流量之後，透過存儲、營運、發掘等手段，對現有流量進行更有效轉化，以及對未發掘流量進行更深度、更精準開發，然後獲得更多流量，以解決企業流量貧乏、轉化率低、行銷無力、行動端轉型等問題的戰略思維。

品效合一

即企業在行銷活動中要實現「品牌成長」和「實際效果」的雙成長，在做到品牌曝光的同時，也要帶來效果轉化。

資料管理平台（Data-Management Platform，DMP）

是把分散的第一和協力廠商資料整合到統一的技術平台裡，再透過機器學習演算法對這些資料進行標準化和細分管理，並把這些細分結果即時地應用於現有的互動行銷環境裡，幫助行銷取得最大化效果。

商務拓展（Business Development，BD）

即指根據公司戰略，連接並推動上游及平行的合作夥伴結成利益相關體，和相關政府、媒體、社群等組織及個人尋求支援並爭取資源。BD可以理解為廣義的行銷，或者是戰略行銷。BD延伸了企業組織和利益的邊界，BD部門的領導首先要具有宏觀的戰略思維。

第1章

頁面瀏覽量（page view，PV）

通常是衡量一個網路新聞頻道或網站甚至一條網路新聞的主要指標。頁面瀏覽量是評價網站流量最常用的指標之一，監測網站PV的變化趨勢、分析其變化原因是很多站長定期要做的工作。

獨立訪客數（unique visitor，UV）

即透過互聯網訪問、瀏覽這個網頁的自然人。

需求方平台（Demand-Side Platform，DSP）

DSP是以精準行銷為核心理念。這一概念起源於網路廣告發達的歐美，是伴隨著互聯網和廣告業的飛速發展新興的網路廣告領域。

DSP傳入中國，迅速在中國成為熱潮，成為推動中國網路展示廣告RTB市場快速發展的動力之一，也會成為SEM後的一個廣告模式。

媒介即人的延伸

這是馬歇爾．麥克盧漢在《理解媒介：論人的延伸》（*Understanding Media*）中提出的概念。他認為媒介是人的感覺能力的延伸或擴展。任何媒介都不外乎是人的感覺和感官的擴展或延伸：文字和印刷媒介是人的視覺能力的延伸，廣播是人的聽覺能力的延伸，電視則是人的視覺、聽覺和觸覺能力的綜合延伸等。

行動定位服務（LBS）

行動定位服務，是指透過電信行動營運商的無線電通訊網絡或外部定位方式，獲取行動終端用戶的位置信息，在GIS（地理資訊系統）平台的支持下，為用戶提供相應服務的一種增值業務，包括兩層含義：一是確定行動設備或用戶所在的地理位置；二是提供與位置相關的各類信息服務。

成長駭客（Growth Hacker）

是市場行銷、產品研發、資料分析三個角色的聚合。成長駭客這一群體將成長做為唯一的目標，他們以最快的方法、最低的成本和最高效的手段獲取大量的成長。

搜尋引擎優化（SEO）

是指為了從搜尋引擎中獲得更多的免費流量，從網站結構、內容建設方案、使用者互動傳播等角度進行合理規劃，使網站更適合搜尋引擎的檢索原則的行為。

搜尋引擎行銷（SEM）

簡單來說，搜尋引擎行銷就是基於搜尋引擎平台的網路行銷，利用人們對搜尋引擎的依賴和使用習慣，在人們檢索資訊的時候將資訊傳遞給目標使用者。

資訊流廣告（feeds）

出現在社群媒體使用者好友動態中的廣告。最早於二〇〇六年出現在社交巨頭 Facebook 上，隨後推特、Pinterest、Instagram 等社群網站和領英和中國的 QQ 空間、微博、微信等社群媒體也相繼推出資訊流廣告。它以一種十分自然的方式融入使用者所接受的資訊當中，使用者觸達率高。

第2章

一鏡到底長圖文

「一鏡到底」原為影視拍攝術語，被百雀羚《時間的敵人》所借用於長圖文創意中，用一張長圖文從頭到尾連貫展示創意故事情節，成為二〇一七年洗版創意形式之一。

內容行銷（Content Marketing）

內容行銷是指以圖片、文字、動畫等介質傳達有關企業的相關內容來給客戶提供資訊、促進銷售，即透過合理的內容創建、發布及傳播，向使用者傳遞有價值的資訊，進而實現網路行銷的目的。企業僅靠內容，而非廣告或推銷就能使客戶獲得資訊、了解資訊，並促進資訊交流。

KOL（關鍵意見領袖）

KOL 被視為一種比較新的行銷手段，發揮了社會社群媒體在覆蓋面和影響力方面的優勢，基本上是指在行業內有話語權的人，包括在微博上有話語權的那些人。

效果廣告

是相較於品牌廣告而言的一個概念，針對的是最接近消費者購買行為的探索階段，其表現形式與品牌廣告完全不同。效果廣告可衡量的行為可以是點擊、下載、註冊、電話、線上諮詢或者購買等，基本上可以歸納到CPA的範疇。最好可以再深挖，達到CPS按照銷售行為來付費的範疇。

展示廣告

展示廣告是一種按每千次展示計費的圖片形式廣告，可以投放在feeds和部落格頁面中。這種廣告業內通常稱作CPM廣告。展示廣告當前比較成熟的有兩種方式：一種是Google Adsense的按點擊付費，一種是普遍的按展示付費。

H5

H5是由HTML5簡化而來的詞彙，原本是一種製作萬維網頁面的標準電腦語言。現借由微信行動社群平台，走進大家的視野。從行銷角度來講，H5不僅能在頁面上融入文字動效、音訊、影片、圖片、圖表、音樂和互動調查等各種媒體表現方式，將品牌核心觀點精心梳理、重點突出，還可以使頁面形式更加適合閱讀、展示、互動，方便用戶體驗及用戶與用戶之間的分享。正是具備了這樣的行銷優勢，H5技術的運用不但為移動互聯網行業的高速發展增添了新的契機，也為移動互聯網行銷開闢了新管道。

AIDMA法則

AIDMA是消費者行為學領域很成熟的理論模型之一，由美國廣告學家艾里亞斯・路易斯（E. St. Elmo Lewis）在一八九八年提出。該理論認為，消費者從接觸到資訊再到最後達成購買，會經歷五個階段：Attention（關注）、Interest（興趣）、Desire（欲望）、Memory（留下記憶）、Action（行動）。

CPC（Cost Per Click）

即以每點擊一次計費。

CPL（Cost Per Leads）

即以每一條客戶留資資訊計費。

CPS（Cost Per Sales）

即以每一件實際銷售產品計費。

USP定位

二十世紀五〇年代初，美國人羅瑟・里夫斯（Rosser Reeves）提出USP（Unique Selling Proposition）理論，即向消費者說一個「獨特的銷售主張」。到一九九〇年以後，達彼思廣告將USP發揚光大。

智慧財產權（Intellectual Property，IP）

IP可以是一個故事、一種形象、一件藝術品、一種流行文化，更多的是指適合二次或多次改編開發的影視文學、遊戲動漫等。近幾年來，品牌和IP之間的合作日益增多，且企業也越發注重自身IP的塑造和培養。原因在於企業可以借助站在成功IP背後數量龐大的「粉絲」群體為自身獲得快速的流量成長，「粉絲」不容小覷的消費能力也能成功帶動相關產品的銷售。

SOP管理

即Standard Operation Procedure三個英文單詞首字母的大寫，中文譯為「標準操作流程」，就是將某一事件的標準操作步驟和要求以統一的格式描述出來，用來指導和規範日常的工作。SOP管理的精髓，就是對某一程序中的關鍵控制點進行細化和量化。

第3章

場景行銷

企業在某個領域發現消費者的可塑性，並透過構建「場景」（線下或線上）引領消費者進入，讓該場景進入大眾視野，並基於此場景開展並完成行銷活動。

CPM（Cost Per Mill）

即以每千人次瀏覽計費。

App 開屏

即在應用程式開啟時載入，展示固定時間，展示完畢後自動關閉並進入應用程式主頁面的一種廣告形式，按 CPM 計費。

原生廣告（Native Advertising）

是從網站和 App 使用者體驗出發的盈利模式，由廣告內容所驅動，並整合了網站和 App 本身的視覺化設計。簡單來說，就是融合了網站、App 本身的廣告，這種廣告會成為網站、App 內容的一部分，如 Google 搜尋廣告、Facebook 的 Sponsored Stories（受資助的內容）以及 Twitter 的 tweet（推文）式廣告都屬於這一範疇。

原生廣告是二〇一二年新提出的概念，目前業內對於原生廣告並沒有給出一個明確的定義。但對於原生廣告大家普遍認為具有三個基本特點。第一，內容的價值性。原生廣告為受眾提供的是有價值、有意義的內容，而不是單純的廣告資訊，是該資訊能夠為使用者提供滿足其生活形態、生活方式的資訊。第二，內容的原生性。內容的置入和呈現不破壞頁面本身的和諧，而不是為了搶占消費者的注意力而突兀呈現，破壞畫面的和諧性。第三，用戶樂於閱讀，樂於分享，樂於參與其中，是每個用戶都可能成為擴散點的互動分享式的傳播，而不是單純的「到我為止」的廣告傳播。

跳出率（bounce rate）

跳出率是指在只訪問了入口頁面（例如網站首頁）就離開的訪問量與所產生總訪問量的百分比。

跳出率計算公式：

跳出率＝訪問一個頁面後離開網站的次數／總訪問次數

3B 原則

由廣告大師大衛·奧格威從創意入手提出的，3B 即 beauty（美女）、beast（動物）、baby（嬰兒），通稱 3B 原則。以此為表現手段的廣告符合人類關注自身生命的天性，最容易贏得消費者的注意和喜歡。

4P 行銷理論

4P 行銷理論被歸結為 4 個基本策略的組合，即產品（product）、價格（price）、管道（place）和宣傳（promotion）。

第 4 章

AARRR 模型

AARRR 是 acquisition（獲取用戶）、activation（提高活躍度）、retention（提高留存率）、revenue（獲取收入）、refer（自傳播），這五個英文單詞的首字母縮寫，分別對應使用者生命週期中的五個重要環節。

擴增實境技術（Augmented Reality，AR）

是一種即時地計算攝影機影像的位置及角度並加上相應影像的技術，這種技術的目標是在螢幕上把虛擬世界套在現實世界並進行互動。這種技術最早於一九九〇年提出。隨著隨身電子產品運算能力的提升，增強現實的用途越來越廣。

第5章

用進廢退（use and disuse theory）

用進廢退進化論，最早是由法國生物學家拉馬克提出的，是指生物體器官經常使用就會變得發達，不經常使用就會逐漸退化。本書用來比喻使用者和產品關係。

PBL理論

賓州大學副教授凱文．韋巴赫和丹．亨特教授在《遊戲化思維》提出此理論，PBL理論包含點數、徽章和排行榜三點，是遊戲化系統設計的三大標準特徵。

第6章

使用者原創內容（User Generated Content，UGC）

隨著互聯網運用的發展，網路使用者的互動作用得以展現，使用者既是網路內容的瀏覽者，也是網路內容的創造者。即使用者將自己的原創內容透過互聯網平台進行展示或者提供給其他用戶。UGC 是伴隨著以提倡個性化為主要特點的 Web2.0 概念興起的。

第 8 章

精準廣告

在移動互聯網領域，精準廣告也叫精準推送。是指廣告主按照廣告接受對象的需求，及時、有效地將廣告呈現在廣告對象面前，以獲得預期轉化效果，其特點是精準而高效。

關鍵績效指標（Key Performance Indicator，KPI）

是透過對組織內部流程的輸入端、輸出端的關鍵參數進行設置、取樣、計算、分析，是衡量流程績效的一種目標式量化管理指標，是把企業的戰略目標分解為可操作的工作目標的工具，是企業績效管理的基礎。

程式化購買（Programmatic Buying）

程式化購買就是基於自動化系統（技術）和資料來進行的廣告投放。它與常規的人工購買相比，可以極大地改善廣告購買的效率、規模和投放策略。在本質上，程式化購買旨在使媒體購買更簡單、更高效，最重要的是提供高度定製化的廣告。它旨在透過利用客戶的資料和洞察，在合適的時間、合適的環境中覆蓋合適的用戶來提高數位廣告的投放效率。

即時競價（Real Time Bidding，RTB）

是一種按效果付費的網路推廣方式，用少量的投入就可以給企業帶來大量潛在客戶，有效提升企業銷售額和品牌知名度。基本特點是按點擊付費，推廣資訊出現在搜尋結果中（一般是靠前的位置），如果沒有被用戶點擊，則不收取推廣費。企業可以靈活控制網路推廣投入，獲得最大回報。

CPA（Cost Per Action）

即以每一個有效行為（比如下載、註冊）計費。

第一方資料

第一方資料是指企業自建的完全屬於自己的私有平台，蒐集整合的資料包括官網資料、電商數據、廣告資料、CRM資料等，就像一座座封閉的資料孤島，企業在私有資料裡實現簡單的存儲、分析和再利用，資訊安全可以得到足夠的保障。

協力廠商數據

擁有海量使用者資料的資料管理平台，如BAT、今日頭條、愛奇藝魔術師等。此類平台的明顯特徵，因為自身屬性（通常為平台）累積了海量的註冊使用者，根據使用者在此類平台上的互動、消費、行為等相關路徑，使用者資料被平台整合管理可進行資料化營運。

第9章

應用商店優化（AppSearch Optimization，ASO）

簡單來說就是利用AppStore的搜索規則和排名規則讓App更容易被用戶搜尋或看到。通常情況下，ASO就是AppStore中的關鍵字優化排名，就是提升App在各類App應用商店、市場排行榜和搜索結果排名的過程。

TDK優化

在SEO術語中，TDK指title（頁面的標題）、description（頁面的描述文字）、keywords（頁面關鍵字）的首字母縮寫。意思是在SEO網站優化中的網頁頁面描述與關鍵字的設置。

直通車

是由阿里巴巴旗下雅虎中國和淘寶網進行資源整合，推出的一種全新的搜索競價模式。直通車是為專職淘寶和天貓賣家量身訂製的，按點擊付費的效果行銷工具，為賣家實現寶貝的精準推廣。直通車的競價結果不只可以在雅虎搜尋引擎上顯示，還可以在淘寶網（以全新的圖片+文字的形式顯示）上充分展示。

鑽石展位

鑽石展位（簡稱「鑽展」）是淘寶網圖片類廣告展位競價投放平台，是為淘寶賣家提供的一種行銷工具。鑽石展位依靠圖片創意吸引買家點擊，獲取巨大流量。鑽石展位是按照流量競價售賣的廣告位。計費單位為CPM，按照出價從高到低進行展現。賣家可以根據群體（地域和人群）、訪客和興趣點三個維度設置定位展現。

淘寶客

簡單來說，淘寶客就是幫助賣家推廣商品並獲取佣金的人。是一種按成交計費的推廣模式，也指透過推廣賺取收益的一類人。淘寶客只要從淘寶客推廣專區獲取商品代碼，任何買家（包括你自己）經過你的推廣（連結、個人網站、部落格或者社區發的文）進入淘寶賣家店鋪完成購買後，就可得到由賣家支付的佣金。

第11章

虛擬實境技術（Virtual Reality，VR）

一種可以創建和體驗虛擬世界的電腦模擬系統，利用電腦生成一種類比環境，是一種多源資訊融合的、互動式的三維動態視景和實體行為的系統模擬，使使用者沉浸到該環境中。

第12章
「組CP」

CP原為英語「Coupling」的縮寫，指情侶檔人物配對關係。一般是漫畫同人拿來自配的情侶檔，主要運用於二次元，近年來在三次元等其他場合也開始廣泛使用。近年來在行銷領域中，「組CP」泛指兩家企業或多家企業進行的跨界合作、品牌合作、協同行銷等行為。

流量互洗

本書中所說的流量互洗意為品牌自身「粉絲」量或產品及接觸點所帶流量已經接近峰值，再難有較大突破，故可借助品牌間的一些合作活動形式，將雙方自有流量整合流通，使雙方在成本較低的情況下獲得新的流量成長。

品牌聯合（Co-Branding）

是一種常見的複合品牌策略，是兩個公司的品牌同時出現在一個產品上，這是一種伴隨著市場競爭而出現的新型品牌策略，體現了公司之間的相互合作。這種品牌策略在現在市場上很常見，既是市場競爭的必然結果，也是企業品牌相互擴張的結果。

跨界合作或跨界行銷（Crossover）

Crossover的原意是跨界合作，是指兩個不同領域的合作。跨界行銷是指讓兩個或多個品牌原本毫不相干的元素相互滲透、相互融合，使行銷在更多原本不相關的管道裡資源分享，合力開拓一加一大於二（1 ＋ 1>2）的市場，獲得更多收益。

Apppush

通常是指營運人員透過自己產品或者協力廠商工具對使用者的行動設備進行主動的消息推送形式。使用者可以在行動設備鎖定螢幕和通知欄看到 push 消息通知，通知欄點擊可喚起 App 並去往相應頁面。簡單來說，Apppush 就是 App 給使用者發送的消息。

iBeacon

是蘋果公司二〇一三年九月發布的行動設備用 OS（iOS7）上配備的新功能。其工作方式是，配備有低功耗藍牙（BLE）通訊功能的設備使用 BLE 技術向周圍發送自己特有的 ID，接收到該 ID 的應用軟體會根據該 ID 採取一些行動。比如，在店鋪裡設置 iBeacon 通訊模組，便可讓 iPhone 和 iPad 上運行資訊告知伺服器，或者由伺服器向顧客發送折扣券及進店積分。此外，還可以在家電發生故障或停止工作時使用 iBeacon 向應用軟體發送資訊。

翻轉學 翻轉學系列 005

流量池：

流量稍縱即逝，打造流量水庫，透過儲存、轉化、裂變，讓導購飆高、客源不絕、營運升級的行銷新思維

作　　者　楊飛
總 編 輯　何玉美
主　　編　林俊安
校　　對　魏秋綢、張秀雲
封面設計　FE 工作室
內文排版　黃雅芬

出版發行　采實文化事業股份有限公司
行銷企劃　陳佩宜・黃于庭・馮羿勳
業務發行　盧金城・張世明・林踏欣・林坤蓉・王貞玉
國際版權　王俐雯・林冠妤
印務採購　曾玉霞
會計行政　王雅蕙・李韶婉
法律顧問　第一國際法律事務所　余淑杏律師
電子信箱　acme@acmebook.com.tw
采實官網　www.acmebook.com.tw
采實臉書　www.facebook.com/acmebook01

I S B N　978-957-8950-66-5
定　　價　380 元
初版一刷　2018 年 12 月
劃撥帳號　50148859
劃撥戶名　采實文化事業股份有限公司
104 台北市中山區建國北路二段 92 號 9 樓
電話：(02)2518-5198　傳真：(02)2518-2098

國家圖書館出版品預行編目資料

流量池：流量稍縱即逝，打造流量水庫，透過儲存、轉化、裂變，讓導購飆高、客源不絕、營運升級的行銷新思維 / 楊飛. – 台北市：采實文化，2018.12
384 面；14.8×21 公分. --（翻轉學系列；05）
ISBN 978-957-8950-66-5（平裝）
1. 電子商務 2. 行銷策略
496　107016540

本書台灣繁體版由四川一覽文化傳播廣告有限公司代理，經楊飛＆中信出版集團股份有限公司共同授權出版

采實出版集團
ACME PUBLISHING GROUP

翻轉學

翻轉學